U0321758

数字化转型背景下
环境学课程教学与改革研究

姚　兴 / 著

九州出版社
JIUZHOUPRESS

图书在版编目（CIP）数据

数字化转型背景下环境学课程教学与改革研究 / 姚兴著 . -- 北京 : 九州出版社 , 2024. 7. -- ISBN 978-7-5225-3169-4

Ⅰ . X

中国国家版本馆 CIP 数据核字第 2024VU8654 号

数字化转型背景下环境学课程教学与改革研究

作　　者　姚　兴　著
责任编辑　周红斌
出版发行　九州出版社
地　　址　北京市西城区阜外大街甲 35 号（100037）
发行电话　（010）68992190/3/5/6
网　　址　www.jiuzhoupress.com
印　　刷　北京亚吉飞数码科技有限公司
开　　本　710 毫米 ×1000 毫米　16 开
印　　张　14
字　　数　251 千字
版　　次　2025 年 1 月第 1 版
印　　次　2025 年 1 月第 1 次印刷
书　　号　ISBN 978-7-5225-3169-4
定　　价　86.00 元

前 言

在全球化与信息化浪潮的推动下，数字化转型已深入社会的各个角落，教育行业亦不例外，特别是在环境学这一涉及广泛、实践性强的学科领域，数字化转型不仅为教学提供了前所未有的便利，更在深层次上推动了教学方法与理念的革新。本书旨在探讨数字化转型背景下环境学课程教学的现状、问题及改革路径，以期为我国环境学教育的进步与发展提供理论支持和实践指导。

环境学作为一门跨学科的综合性学科，其教学内容涵盖了生态学、地理学、气象学、资源学等多个领域，具有知识体系庞杂、实践性强等特点。在数字化转型的背景下，环境学教学面临着前所未有的机遇与挑战。一方面，数字化技术为环境学教学提供了丰富的教学资源和教学手段，如在线课程、虚拟实验、数据分析工具等，使得教学更加灵活、高效和有趣；另一方面，数字化转型也对环境学教学提出了更高的要求，需要教师在教学理念、教学方法、教学评价等方面进行深入的改革与创新。

本书共6章。第1章为绪论，首先梳理了数字化转型对教育研究范式的影响，分析了当前环境学教学中存在的问题与挑战。在此基础上，结合国内外环境学教学的最新理论与实践，提出了数字化转型背景下环境学课程教学改革的方向与路径。第2章为数字化转型背景下环境学课程教学理念革新，重点探讨了自主学习理念、深度学习理念、移动式学习理念、体验式学习理念在环境学课程教学中的应用。第3章为数字化转型背景下环境学课程教学模式创新，重点探讨了基于微课、慕课、翻转课堂、混合式模式的环境学课程教学。第4章为数字化转型背景下环境学课程教学方法优化，详细阐述了任务驱动式教学法、“3W2D”教学法、发现教学法、案例式教学法、积极教学法、成果导向教学法、PBL教学法等在环境学教学中的应用。第5章为数字化转型背景下环境学教师专业化发展，首先对数字化转型背景下环境学教师面临的挑战和机遇进行了分析，探讨高校环境学教师如何应对数字化转型,探寻其中的关键环节和有效策略,以提升教学质量和效率。第6章为数字化转型背景下环境学课程教学评价改革,详细论述了数字化转型背景下环境学教学质量评价体系构建与优化。

在撰写过程中,本书参考了国内外的相关著作及研究成果,在此,向这些学者致以诚挚的谢意。由于作者的水平和时间所限,书中不足之处在所难免,恳请读者批评指正。

目　录

第一章 绪 论

在数字化转型的大背景下，教育研究范式正经历深刻变革，以更加科技化、数据化的方式探索教育的新路径。环境学教学领域也不例外，当前其教学现状正面临着信息技术融入不足、教学模式单一等问题。为应对这些挑战，教学改革策略应聚焦于利用数字技术优化教学内容、创新教学方法，提升环境学教学的质量与效率，培养具备数字化素养的环境学人才。

第一节 数字化转型背景下教育研究范式变革

教育研究范式是科研工作者在深入探索教育问题时必须坚守的理论基石和实践准则。目前，经验科学范式和理论科学范式是教育研究的主要范式，其中思辨和实证研究占据了主导地位。这些范式以其多样性、高度的综合性和实用性受到了广泛的认可。然而，它们也存在明显的局限性，如创新性的不足和方法论的局限，这使得它们难以有效地揭示和解释教育大数据中隐藏的教育规律。

一、研究范式及其演进脉络

（一）经验科学研究范式

在经验科学研究范式下，研究者会提出关于自然世界运作的假设，并借助实验和观察的手段对这些假设进行检验。实验结果不仅用于验证或修正这些假设,还用于构建和完善关于自然世界的新理论。这种范式强调实证精神,即知识必须建立在可观察、可测量的经验事实之上。

经验科学研究范式在推动科学发展和进步方面发挥了重要作用。它具有具体、实用的特点,注重实验结果的描述和归纳。以桑代克(Thorndike)的迷箱实验为例,他通过观察和描述饥饿的猫如何从迷箱中逃脱的现象,从实验结果的经验总结中得出了准备律、效果律和练习律三条学习定律。这些定律不仅为学习理论的发展奠定了基础,还为教育实践提供了有力的指导。

(二)计算科学研究范式

20世纪50年代,随着约翰·冯·诺依曼(John von Neumann)提出的现代电子计算机架构的广泛采纳,计算机技术经历了迅猛的发展。这一技术革命不仅改变了计算机行业的面貌,也深刻影响了科学研究的范式。在这一背景下,科学家们开始探索如何运用计算机技术支持学术研究,进而催生了第三代研究范式——计算科学研究范式。

以人工智能与教育领域的融合为例,计算科学研究范式发挥了重要作用。为了有效促进人工智能与教育实践的协调融合,通过构建模型,运用非线性动力模型对人工智能与教育融合进行仿真模拟。这一案例充分展示了计算科学研究范式在解决实际问题中的巨大潜力。通过计算机模拟和仿真,科学家们不仅能够更深入地理解复杂现象,还能够预测和优化系统的行为,为实践提供有力的指导。因此,计算科学研究范式已经成为当代科学研究不可或缺的重要组成部分。

(三)数据密集型科学研究范式

进入21世纪,随着人工智能技术的飞速进步,大数据、物联网等技术的日益成熟,社会信息化和智能化程度不断加深。在这一过程中,各个领域的研究都面临着一个共同的挑战:如何处理和分析海量的数据。为了解决这一挑战,研究者们提出了第四研究范式——数据密集型科学研究范式。

数据密集型科学研究范式标志着科学研究从传统的理论和实验导向转变为以数据为中心。在这一范式下,科学研究的重心转移到了对大量数据的收集、存储、管理和分析上，以此来发现新的科学规律和模式。这种转变不仅体现了科学研究方法的进步，也反映了时代发展对科学研究的新要求。

与传统的三种研究范式相比，数据密集型科学研究范式更加强调数据在科学研究中的核心地位。它要求研究者首先拥有海量的数据，然后通过计算分析得出未知的结论。这种以数据为中心的研究范式实现了由传统的理论驱动向数据驱动的根本性转变，推动了科学研究的数字化转型。

随着技术的不断进步和数据的不断积累，数据密集型科学研究范式将在更多领域发挥重要作用。它不仅能够帮助研究者更深入地理解复杂现象，还能够为实践提供有力的指导。因此，我们有必要加强对数据密集型科学研究范式的研究和应用。

二、教育数字化转型对教育研究范式变革提出新需求

教育数字化转型不仅是技术的革新，更是教育理念、研究范式和方法的深刻变革。随着国家对教育数字化转型政策的持续发布，教育领域正经历着前所未有的变革。在这一背景下，教育研究也面临着新的挑战和机遇。

传统的经验科学范式和理论科学范式在面对海量的教育数据时显得力不从心，因此教育研究亟须向数据密集型科学研究范式转变，以更好地应对数字化时代的教育问题。这种转变要求研究者具备数据思维，能够从海量数据中提取有价值的信息，进而揭示教育规律。传统的小规模数据收集和分析方法已经无法满足当前的研究需求，因此研究者需要开发和采用更适合分析大规模数据的技术和工具，以实现对教育数据的深入挖掘和分析。

在数据驱动下，教育研究不再局限于小样本、特定情境的研究，而是可以扩展到全样本、多情境的研究。这使得教育研究能够更加客观、科学地揭示教育现象和规律。同时，随着数字技术的不断发展，如何将这些技术有效地应用于教育实践，以及如何管理和部署这些技术，也成了教育研究的重要问题。

此外，教育数字化转型还要求研究者具备跨学科合作的能力。在解决与数字技术赋能教育相关的研究问题时，需要教育学、心理学、计算机科学等多个学科的共同参与。这种跨学科合作不仅有助于拓宽研究视野，

还能够促进不同学科之间的知识交流和融合。

三、教育数字化转型推动教育研究范式变革的内在机理

教育数字化转型正在深刻改变教育领域的面貌,其中最为显著的变化之一便是教育研究范式的变革。库恩的范式变革观点为我们理解这一变革提供了有力的理论工具。根据库恩的理论,随着学术研究的深入和外界环境的变化,科学家们所遵循的研究范式会经历变革和进化。而教育数字化转型所带来的教育大数据及其分析技术,为数据密集型科学研究范式的应用提供了坚实的基础和支持。

(一)本体论:教育数字化转型能够扩展教育研究对象的规模

随着教育数字化转型的深入,教育研究的对象在数量和类别上均实现了扩展,这为研究者提供了更广阔的视野和更丰富的研究材料。

传统的教育研究主要聚焦于教师、学生等教育主体,以及学校等教育环境,但在数字化转型的背景下,教育数据的获取变得更为容易和丰富,这使得教育研究能够覆盖更多的微观、中观和宏观层面。例如,研究者可以通过分析大量的学生学习数据,了解学生的学习习惯、兴趣点和难点,从而优化教学策略;同时,也可以比较不同学校、不同地区的教育数据,探讨教育资源的分配和教育质量的提升等问题。这些新型学习环境为学生提供了更丰富的学习体验,也为研究者提供了更多的研究机会。

(二)认识论:教育数字化转型能够丰富解读教育现象的视角

认识论是研究者有关知识理解和获取方式的基本观点。在教育研究中,认识论不仅影响着研究者对教育现象和教育规律的描述、解释和预测,而且随着教育的数字化转型,教育大数据为研究者提供了新的解读教育现象的视角。例如,基于大数据分析技术,研究者可以从学生情绪、学习路径、学习参与度等多维度实时了解学生的学习状态,并发现其中的规律和趋势,完成对学生行为的预测。同时,大数据分析技术还可以用于监控学生的学习行为,以及时发现和处理可能存在的问题,如早恋、欺凌等。此外,通过对学生的学习数据进行深入分析,提取出对学生成绩影响较大的因素,还可以预测学生的成绩,帮助教育工作者发现学生的潜在问题并

进行针对性的干预措施。

(三)方法论：教育数字化转型能够创新分析教育数据的方法

随着数字化进程的推进，新的大数据分析和可视化方法应运而生，为教育研究提供了前所未有的机遇。大数据工具使得研究者能够以较低的成本快速收集大量研究数据。物联网、VR/AR可穿戴设备、校园智能卡等物联感知类技术、智能录播教室等视频录制类技术，以及图卷积神经网络等图像识别类技术，都为教育数据的采集提供了强大的支持。这些技术不仅克服了传统教育研究在数据采集上的局限性，还能够全方位地捕捉教育过程中的各种信息。

(四)价值论：教育数字化转型能够强化教育决策的效用

从教育决策结果来看，教育数字化转型增强了决策效果。一方面，教育大数据为教育决策提供了全面的证据支撑，使得决策更加科学。通过深入分析教育大数据，研究者能够更细致地了解复杂的教育现象，发现其中的规律和趋势，为教育决策提供有力的依据。同时，教育大数据还为研究者提供了“自下而上”的思考路径，使得决策更加贴近实际，更具可行性。另一方面，数字技术能够帮助研究者预见教育的未来。通过挖掘和分析教育大数据中的潜在信息和趋势，研究者能够站在未来的视角来审视当前的教育实践，从而制定出更加科学、前瞻性的教育决策，引领教育的未来发展。

四、教育研究范式的发展趋势

教育数字化转型正深刻地改变着教育研究范式的面貌，推动其向一个全新的方向发展。在这一背景下，新事物和新问题的不断涌现，不仅挑战着传统的教育研究理念和方法，也催生了教育研究本体论、认识论、方法论和价值论的数字化转型。

(一)未来教育研究的研究旨趣：多元共存

教育研究旨趣的多元化不仅是学术繁荣的体现，更是教育适应时代发展的重要保障。在技术日新月异的时代背景下，教育研究需要与时俱进，不断探索和适应新的研究方法、工具和领域。为此，教育研究者既要做研究的变革者，勇于尝试新的研究范式和方法，也要做研究的包容者，尊重并吸纳不同研究旨趣的合理内核。

规律验证作为教育研究的一种旨趣，强调通过科学的方法发现教育现象的客观规律，验证并提升知识的可靠性和普适性。这种旨趣为教育研究提供了坚实的理论基础，有助于教育实践者更好地理解教育现象，指导教学实践的开展。

意义挖掘则是另一种重要的研究旨趣，它关注对教育大数据的深入分析和解释，探讨教育现象或问题在教育领域中的意义、价值和影响。这种旨趣强调对教育大数据背后深层含义的挖掘，以及研究成果的实践价值和应用前景的探索。通过意义挖掘，教育研究者可以更深入地理解教育现象的本质，为教育实践提供有针对性的指导和建议。

教育预测作为第三种研究旨趣，旨在基于连续性原理、因果性原理和相似性原理，对教育进行探索型、规范型和反馈型预测。这种旨趣强调对未来教育的预见和规划，有助于教育研究者把握教育发展的方向和趋势，为教育实践提供前瞻性的指导。

因此，教育研究者应保持开放和包容的心态，尊重并鼓励不同研究旨趣的探索和实践。同时，也需要加强跨学科的交流与合作，借鉴其他学科的研究方法和工具，不断丰富和完善教育研究的方法和体系。只有这样，才能真正实现教育研究的百花齐放和繁荣发展。

（二）未来教育研究的研究方法：理论与数据并重

传统教育研究强调因果推论逻辑，即通过精心设计的实验和统计分析来验证某种干预措施的效果。然而，随着数据密集型科学研究的崛起，这种逻辑正在逐步被相关分析与因果推断相结合的新范式所取代。这种转变有助于我们更全面地理解教育现象，揭示其背后的复杂关系。

当然，纯粹的数据驱动研究也存在局限性，如缺乏理论支撑可能导致对数据结果的解释和概念化困难。因此，未来的教育研究需要实现数据驱动和假设驱动的双向融合。这种双向驱动的研究范式将充分发挥人的解释能力和推理能力，提升研究的深度和广度。

（三）未来教育研究的学科趋势：跨学科研究

教育数字化转型推动了教育研究与计算机科学、心理学、社会学等多学科的深度融合，这种跨界融合不仅为教育研究带来了全新的视角和方法，也极大地拓展了研究的深度和广度。

大数据在教育领域的应用为教育工作者提供了丰富的数据资源，但同时也带来了挑战。教育中的大数据和教育研究是两个相对独立但又紧密相连的领域，它们需要不同的技能和知识来支撑。因此，跨学科研究成了解决这一问题的关键途径。

跨学科研究能够集结不同学科背景的研究者，他们可以从各自领域的专业角度出发，为教育研究提供独特的见解和思路。这种多元的视角有助于发现新的问题、提出新的假设，并推动教育研究的创新和发展。同时，数据密集型科学研究范式的推广也为跨学科合作提供了技术支持，使得不同领域的研究者能够基于共同的数据基础开展合作研究。

然而，在开展跨学科研究时，我们也需要保持清醒的头脑，避免迷失在纷繁复杂的学科知识中。我们需要以教育学科为主，批判性地建构不同学科的知识，确保研究始终围绕教育的核心问题展开。此外，教育工作者还需要积极与不同领域的相关部门进行合作创新，共同应对大数据和人工智能带来的新机遇和挑战。

（四）未来教育研究的实践路径：人机互补

人工智能技术已经深度融入教育研究领域，为科研过程带来了前所未有的变革与可能。然而，正如任何技术进步一样，人工智能在带来正面价值的同时，也难免伴随着潜在的负面影响。因此，在人机协同的时代背景下，如何在充分利用人工智能优势的同时，有效规避其潜在风险，实现人机互补，共同推动教育研究的发展，成了一个亟待解决的关键问题。

我们应当从人本主义理论出发，认识到人的智慧在提高人工智能价值上限中的重要作用。尽管人工智能在处理海量数据、进行高效计算等方面表现出色，但在理解教育问题的本质和规律、做出科学决策等方面，仍需要人的深度参与和智慧引导。通过人机互补的模式，我们可以利用人类反馈来优化和改进人工智能系统的性能，使其更加精确有效。

为了实现人机互补的教育研究，我们需要构建一种协同交互的模式。

这意味着研究者不仅要掌握人工智能的基本原理和技术,还要能够与计算机和智能教育产品进行有效的沟通和合作。通过充分利用各自的优势,就可以实现 1+1>2 的效果。

在这个过程中,研究者需要保持对人工智能技术的辩证态度,既要看到其在数据处理、模式识别等方面的巨大优势,也要警惕其在解释性、逻辑推理等方面的局限性。同时,我们还需要不断提升研究者的数字素养,使他们能够更好地理解和应用人工智能技术,为教育研究注入新的活力。

此外,在分析和解释教育研究结果时,我们需要将智能算法的结果与专家判断相结合。这样既可以充分利用算法在数据处理和计算方面的优势,又可以借助专家的专业知识和经验来弥补算法在解释性和逻辑推理方面的不足。通过这种方式,我们可以得出更准确、更可靠的研究结论,为教育实践提供更有力的支持。

第二节　数字化转型背景下环境学教学现状

在全球环境问题日益严重的背景下,环境专业的教育与学生能力和素质的提升显得尤为关键。环境学作为环境专业的专业基础必修课,其重要性不言而喻。它不仅从原理、战略角度对环境问题与整体防控体系进行深入剖析,还从方法学上指导学生对环境专业主体课程与知识体系进行整体的把握。因此,对环境学教学进行改革与创新,对于全面促进环境学教学和环境专业学生的培养具有重要意义。

一、技术更新与培训需求

教师需紧跟时代步伐,不断学习和掌握新的数字化教学技能,以更好地适应教学需求的变化。

技术的更新换代,使得数字化教学工具和平台层出不穷。环境学教师需要主动了解并熟悉这些新工具和新平台,掌握它们在教学中的应用方法和技巧。通过学习和实践,教师可以利用这些工具平台,为学生创造更加生动、直观的学习环境,提高学生的学习兴趣和效果。

同时,随着技术的不断进步,环境学的教学内容和方法也在不断更新,教师需要关注最新的环境学研究成果和教学理念,将其融入自己的教学中。通过参加培训、研讨会等活动,教师可以与同行交流学习,了解最新的教学技术和方法,不断拓宽自己的教学视野和思路。

除了学习新的教学技能和方法,教师还需要不断反思和改进自己的教学实践。在教学过程中,教师应关注学生的反馈和需求,及时调整教学策略和方法。同时,教师还应积极参与教学研究,探索更加适合环境学教学的新模式和新路径。

面对技术的更新换代和教学需求的变化,环境学教师需要保持开放的心态和积极的学习态度。只有不断学习和进步,才能更好地适应时代的要求,为培养更多优秀的环境学人才贡献力量。

二、数据安全与隐私保护问题

在数字化转型的浪潮中,环境学教学领域迎来了前所未有的发展机遇,但同时也面临着数据安全和隐私保护等严峻挑战。数据作为数字化转型的核心要素,其安全性和隐私性直接关系到学生的个人权益和教学的正常运行。

学生个人信息是学习过程中的重要数据,包括姓名、年龄、身份证号等敏感信息,这些信息一旦泄露或被滥用,将给学生带来极大的风险和损失。因此,在数字化转型过程中,学校或机构必须高度重视学生个人信息的安全保护,建立健全的信息安全管理制度,加强数据访问权限的控制,确保只有经过授权的人员才能访问相关信息。

同时,学习数据也是数字化转型中的重要资源,它记录了学生的学习进度、成绩、习惯等关键信息。这些数据对于教师了解学生学习情况、优化教学策略具有重要意义。然而,学习数据的收集、存储和使用也必须遵循严格的隐私保护原则。学校或机构应采取加密技术、匿名化处理等手段,确保学习数据在传输和存储过程中的安全性。此外,还应明确告知学生数据收集的目的和范围,获得学生的明确同意,并严格限制数据的使用范围,避免数据被滥用或泄露。

除了技术和制度层面的保障外,加强师生的数据安全和隐私保护意识也至关重要。学校或机构应定期开展数据安全和隐私保护培训,提高师生对数据安全和隐私保护的认识和重视程度。同时,还应建立健全的数据泄露应急响应机制,一旦发生数据泄露事件,能够迅速采取有效措施,最大限度地减少损失和影响。

三、教学质量的提升与评估

数字化转型为环境学教学质量的提升注入了新的活力，提供了丰富的教学手段和工具。通过引入在线学习平台、虚拟实验室、智能教学系统等创新技术，教师可以更加生动、直观地展示环境学知识，激发学生的学习兴趣和主动性。同时，数字化教学还能够实现个性化教学，根据学生的不同需求和特点，提供定制化的学习资源和路径，帮助学生更好地掌握知识和技能。

（1）针对开课时间偏后的问题，需要重新规划课程设置，尽可能提前环境学课程的开课时间。这有助于学生在早期就建立起对环境专业的整体认知，为后续的专业课程学习打下坚实基础。同时，学校可以考虑调整学生的社会实践活动时间，避免与上课时间冲突，确保教学秩序的正常进行。

（2）为了改善与专业课衔接不尽合理的情况，我们需要加强环境学与其他专业课之间的沟通与协作。在环境学课程中，可以适当引入其他专业课的相关知识点，帮助学生形成知识体系的连贯性和整体性。同时，专业课教师在授课时也可以回顾环境学中的基本原理与规律，以加深学生的理解和记忆。

（3）针对课程教学手段单一、吸引力不够的问题，我们可以采用多元化的教学方法。例如，利用多媒体教学工具展示环境问题的实际案例，通过讨论、小组合作等方式激发学生的学习兴趣和主动性。同时，可以邀请环境领域的专家学者举办讲座或授课，让学生了解最新的研究成果和前沿动态。

（4）为了培养学生的专业兴趣和学习兴趣，还需要注重实践教学环节的开展。通过组织实地考察、实验、实习等活动，让学生亲身感受环境问题的实际影响和解决方案，提高他们的实践能力和解决问题的能力。

然而，数字化转型并不意味着教学质量的自然提升。为了确保教学效果的实现，必须建立相应的评估机制。评估机制应该综合考虑多个方面，包括学生的学习成果、教师的教学表现、教学资源的利用情况等。通过制定科学的评估标准和指标体系，可以对教学质量进行客观、全面的评价。

在评估过程中，需要注重数据的收集和分析。数字化教学平台能够实时记录学生的学习行为和成绩数据，为评估提供有力的数据支持。同时,还需要开展定期的师生满意度调查,了解他们对教学的评价和建议,以便及时发现问题并进行改进。

评估结果应该成为教学质量提升的重要依据。通过分析评估结果,可以发现教学中的优点和不足,为教师提供改进的方向和建议。同时,评估结果也可以作为学校或机构优化教学资源配置、改进教学管理的重要依据。

四、教材更新与选择

在环境学教学改革中,首先需要关注课程特点与专业知识体系构成的匹配问题。环境学涉及的知识面广泛,既有理论原理,又有实际应用,因此在教学过程中要注重理论与实践的结合,避免出现理论与实践脱节的情况。同时,还需要根据环境学的发展趋势和前沿动态,不断更新教学内容,确保学生能够接触到最新的环境学知识和技术。

目前,高校环境专业中环境学课程的教材选择相对集中,主要以左玉辉的《环境学》、鞠美庭的《环境学基础》、陈英旭的《环境学》以及何强的《环境学导论》等为主要教材。这些教材在内容安排上有着共同的基本思路,即从不同环境介质下的环境与生态问题出发,对大气环境、水环境、土壤环境、物理环境及生物环境的主要污染源与污染物、污染危害、污染防控体系等进行深入而系统的论述。这样的内容安排有助于学生从战略高度对环境问题有整体的把握,为后续的专业课学习提供方法学指导。同时,这些教材也注重理论与实践的结合,通过案例分析、实验实训等方式,帮助学生更好地理解和掌握环境学的知识和技能。

然而,随着环境问题的不断变化和环境学领域的快速发展,这些教材也需要不断更新和完善。例如,可以引入更多的前沿知识和技术,加强对环境问题的分析和解决方案的探讨,同时增加更多具有代表性和启发性的案例,以提高学生的学习兴趣和解决问题的能力。

第三节　数字化转型背景下环境学教学改革策略

通过研究我们可以更好地指导环境学进行教学模式的革新，以适应数字化教育的时代要求，进而培养出更多具备数字化素养和技能的高素质人才。

一、数字化转型背景下环境学教学模式改革创新的要素

（1）应用场景客体。环境学教学模式改革聚焦于数字化技术应用场景的分析与优化，尤其关注教学场景、见习场景与职业场景之间的顺畅转换。通过模拟不同场景，我们致力于满足学生多样化的学习成长需求，助力他们更好地适应各种环境。

（2）课程媒介。在数字化转型的大背景下，环境学教学模式改革以课程内容与知识呈现方式为核心工作对象。我们充分发挥数字化技术的优势，丰富课程内容，使知识呈现方式更加多元化，从而激发学生的学习兴趣和积极性。

（3）师生核心。环境学教学模式改革创新始终关注师生的核心地位。教师作为引导者，负责引导学生探索知识；学生则成为教学工作的中心，我们致力于满足他们的学习需求。同时，我们关注教师角色变化带来的改革需求，鼓励师生主动利用数字化技术进行有效学习。

（4）场景式教学法。从教学工作具体模式的角度出发，我们推动环境学以数字化技术为桥梁，优化教学组织方式，提升教学过程的开放性。通过虚拟化的场景，使学生得以直观地接触和重构知识，从而以他们更擅长的方式吸收知识和技能。

（5）智慧支持体系。环境学教学模式的改革创新离不开数字化技术的支持。我们基于数字化技术构建具有智慧特点的教学工作模式和架构，包括数据库、物联网、区块链等先进技术的应用。同时，我们关注对师生教学过程的动态感知，利用现代技术为环境学教学模式改革创新提供坚实保障。

二、数字化转型背景下环境学教学模式改革创新的方法

(一)课程的适配与自选

在数字化转型的浪潮中,环境学教学模式的改革创新应首先从课程的适配与自选入手,这意味着课程内容需要紧密结合数字化技术的特点,同时精准匹配学生的实际需求。学生可以根据自身的学习兴趣和需求,自主选择适合的课程单元进行学习。

为此,环境学教学应优化工作理念,教师在教学开始前与教务人员及同事进行深入交流,根据课程特点整理分析内容,形成若干个紧密关联的知识单元。这些单元以数字化形式呈现,形成独立的数据包,供学生下载学习。学生可灵活安排学习计划,自由认领各单元知识,有效解决传统教学模式中课程内容单一的问题。

(二)教学目标的设计与个性化

完成课程内容的适配与自选后,为确保学生对知识的有效吸收,环境学还应进行教学目标的设计与个性化处理。以市场营销专业为例,教师将“现代企业管理”知识分解为若干单元,鼓励学生根据认领的知识单元完成学习后,结合学习结果完成课程设计。

在这个过程中,教师可利用数字化技术对学生进行远程指导,而学生则通过数字化技术进行知识检索和线上设计。最终完成的课程设计既可作为本阶段的教学目标,又体现了学生对知识内容的分解、学习和重构过程。这种基于学生主动学习的教学模式改革创新,有助于实现个性化学习。

(三)教学内容的选择与重构

为了提升环境学的教学质量,利用数字化技术进行教学内容的选择与重构显得尤为必要。数字化技术可以使得教学内容以更加多样和生动的方式呈现,从而激发学生的学习兴趣和积极性。例如,通过虚拟现实技术,学生可以身临其境地感受各种自然环境,深入了解生态系统的运作机

制；通过在线学习平台，学生可以随时随地获取学习资源，与老师和同学进行互动交流，解决学习中的疑难问题。

在教学内容的选择与重构方面，我们可以根据学生的学习需求和兴趣点，将知识点进行模块化设计，使得学生可以按照自己的节奏和步调进行学习。同时，我们还可以结合实际案例和热点问题，引导学生将理论知识与实践相结合，培养他们的实践能力和问题解决能力。

（四）教学过程的生成与互动

借助数字化技术的支持，环境学教学模式改革可以从教学过程的生成与互动角度出发，加强课堂内外的交互；可以建立一个开放性的数字化教学平台，容纳多名师生同时参与在线教学。

在这个平台上，教学工作是半开放的，允许学生在学习的同时浏览互联网检索知识，教师也可以根据教学需求从互联网资源池中获取教学资源。师生、学生与学生、学生与互联网之间可以根据学习需求随时进行互动交流，形成动态化、技术化的教学过程。这种开放性为学生提供了多渠道学习知识的途径，有助于推动教学过程的改革和促进学生成长。

（五）教学保障的建设与更新

环境学教学模式的改革创新离不开技术层面的支持。我们应充分利用区块链技术和物联网技术，加强数字化技术在教学中的运用。

在区块链技术方面，我们鼓励各专业根据自身特点建立独立的数据资源库，学生可以通过访问对应的信息库获取学习资源进行自主学习。这种模式有助于保障数据的安全性和完整性。同时，物联网技术的运用使得学生可以远程参与学习，无论身处何地都能借助移动终端和智能化设备访问院校的资源库，实现灵活学习。

为了确保这些技术能够持续为教学服务提供支持，院校应选拔专业的技术人员负责数据库和通信渠道的管理和维护工作。这种模式从服务层面推动了环境学教学模式的改革，更好地满足了学生多样化的学习需求，有助于推动其全面发展。

第二章　数字化转型背景下环境学课程教学理念革新

在数字化转型背景下，环境学课程教学的理念革新主要体现在自主学习、深度学习、移动学习与体验学习等方面。在这样的背景下，教师需要不断更新自己的教育理念，创新教学方法，以适应数字化背景下的要求。

第一节　自主学习理念在环境学课程教学中的应用

一、环境学课程自主学习理念概述

自主学习是指学生通过自我探索、自我发现、自我调节等方式，主动参与学习过程，掌握知识、技能和思维能力。自主学习强调学生的自主性和能动性，让学生在学习过程中有更多的控制权和自主性。

（一）自主学习理念在环境学课程教学中的应用的意义

自主学习理念在环境学课程教学中的应用具有重要的意义。

第一，环境学是一门涉及多学科知识的交叉学科，包括生态学、地理学、化学、物理学等多个领域。传统教学模式往往注重知识的传授，而忽视了学生的自主学习能力和创新思维的培养。因此，引入自主学习理念，可以激发学生的学习兴趣，提高学生的学习效果。

第二，自主学习理念强调学生的主体地位，学生可以根据自己的兴趣和需求，主动选择学习内容，自主安排学习进度，从而提高学习效率。在环境学课程教学中，教师可以引导学生自主选择感兴趣的研究方向，例如气候变化、环境污染、生态修复等，从而激发学生的学习热情。

第三，自主学习理念可以促进学生的创新思维和团队合作能力的培养。在自主学习的过程中，学生需要独立思考、解决问题，从而培养自己的创新思维能力。同时，自主学习也可以促进学生的团队合作能力，因为在自主学习的过程中，学生需要与他人合作、分享知识，从而提高团队协作能力。

第四，自主学习理念可以提高学生的综合素质。在环境学课程教学中，教师可以引导学生自主选择学习内容，如阅读相关书籍、论文、报告等，从而提高学生的阅读理解能力和文献调研能力。同时，自主学习也可以促进学生的动手能力，如进行实验、调查、分析等，从而提高学生的实践能力和操作能力。

自主学习有助于推动环境学教学的改革和发展。在传统的环境学教学模式下，教师往往扮演着主导者的角色，而学生则处于被动接受的地位。这种教学模式不仅限制了学生的主动性和创造性，也制约了环境学教学的发展和创新。而自主学习则能够让学生成为学习的主体和主人，让他们更加主动地参与到教学过程中来，从而推动环境学教学的改革和发展。

（二）环境学课程自主学习的重要性

环境学课程是当前高等教育体系中非常重要的一门课程，其目的是帮助学生了解环境科学的基本概念、原理、方法和技术，并培养学生的环境意识和环保责任感。然而，传统的教学方式往往注重教师的传授和学生的接受，忽略了学生的自主学习能力和主体性。因此，环境学课程的自主学习变得越来越重要。

自主学习是指学生在学习过程中，通过自己的努力、思考和实践，主动地获取知识和技能，并形成自己的学习方法和思维方式。在环境学课程中，自主学习的重要性体现在以下几个方面。

（1）提高学习效果。传统的教学方式往往注重教师的传授和学生的接受，忽略了学生的主动性和创造性；而自主学习可以激发学生的学习兴趣和动力，让学生更加主动地参与学习过程，从而提高学习效果。

（2）培养学生的环境意识和环保责任感。环境学课程的主要目的是培养学生的环境意识和环保责任感，让学生了解环境问题的严重性和紧迫性，并掌握解决环境问题的基本知识和技能；而自主学习可以让学生更加深入地思考和探究环境问题，从而更好地理解和掌握相关知识和技能。

（3）培养学生的学习能力和思维方式。环境学课程涉及的知识和技能比较复杂和广泛，学生需要具备较强的学习能力和思维方式才能掌握相关知识和技能；而自主学习可以培养学生的自主思考和解决问题的能力，从而更好地应对复杂的学术问题和实际问题。

二、环境学课程自主学习策略

（一）创设情境，激发学习兴趣

在环境学课程的教学中，创设情境，激发学习兴趣是一种非常重要的教学方法。环境学是一门涉及自然环境、社会环境等多个领域的综合性学科，因此，教师在教学过程中，应该注重创设情境，让学生在情境中学习，从而提高他们的学习兴趣和积极性。

教师可以通过讲述生动的故事，创设情境。例如，在讲解大气污染问题时，教师可以讲述一个城市因工业污染而导致居民健康受到威胁的故事，让学生能够更加深入地理解大气污染的严重性。通过这种方式，学生不仅能够更好地理解知识，还能够增强他们的学习兴趣。

教师可以通过组织实践活动，创设情境。例如，在讲解水循环问题时，教师可以组织学生进行实地考察，观察河流、湖泊等水体的变化，从而更好地理解水循环的过程。通过这种方式，学生不仅能够更好地理解知识，还能够提高他们的实践能力。

教师还可以通过设计互动式教学，创设情境。例如，在讲解生物多样性问题时，教师可以设计一个小组讨论的环节，让学生分组讨论不同地区生物多样性的保护措施，从而激发学生的学习兴趣。通过这种方式，学生不仅能够更好地理解知识，还能够提高他们的团队合作能力。

（二）多元化教学方法，提高学习效果

自主学习理念在环境学课程教学中的应用已经越来越受到教育界的

重视。在这种理念下，教师需要采取一些措施来提高学生的学习效果，其中，多元化教学方法是一种非常重要的手段。

在环境学课程教学中，采用多元化教学方法可以提高学生的学习兴趣。环境学是一门涉及广泛领域的学科，包括生态学、化学、地理学等多个学科。因此，教师可以根据课程内容的不同，采用不同的教学方法，如案例教学、实验教学、小组讨论等。这些方法能够激发学生的学习兴趣，让他们更加主动地参与到学习中来。

采用多元化教学方法可以提高学生的学习效果。环境学课程内容较为抽象，学生容易感到枯燥无味。因此，教师可以采用一些形象生动的教学方法，如利用多媒体展示环境污染的实例、使用案例分析等方式，让学生更加直观地理解课程内容。此外，教师还可以组织一些实践活动，如实地考察、实验操作等，让学生亲自参与其中，提高学习效果。

采用多元化教学方法可以促进学生的自主学习。自主学习是一种以学生为中心的教学方式，强调学生自主探究、自主学习。在环境学课程教学中，教师可以采用一些自主学习的方法，如让学生自主选择学习材料、进行小组研究等，激发学生的自主学习意识，让他们更加主动地参与到学习中来。

多元化教学方法在环境学课程教学中的应用可以提高学生的学习兴趣、学习效果和自主学习能力。教师应该在教学过程中注重多元化教学方法的应用，不断提高教学效果，促进学生的全面发展。

（三）学生为主体，教师为引导

在环境学课程的教学中，自主学习理念的应用是非常重要的。其中，学生为主体、教师为引导是一种非常有效的教学方式。这种教学方式的核心思想是，教师应该把学生作为教学的主体，让他们自主地探索、学习和发现。

学生为主体意味着学生应该在教学过程中发挥主导作用。教师应该引导学生主动地参与到教学活动中，让他们自主地学习知识和技能。这种教学方式可以提高学生的学习兴趣和积极性，让他们更加主动地参与到学习中。

教师为引导意味着教师应该在教学过程中扮演引导者的角色。教师应该根据学生的学习情况和需要，提供适当的学习资源和指导，帮助他们解决问题和提高学习效果。同时，教师也应该及时纠正学生的错误，帮助他们建立正确的学习方法和思维方式。

在环境学课程的教学中,学生为主体、教师为引导的教学方式可以有效地提高学生的学习效果。首先,这种教学方式可以激发学生的学习兴趣和积极性,让他们更加主动地参与到学习中。其次,这种教学方式可以培养学生的自主学习和解决问题的能力,让他们更加适应现代社会的发展和需求。然而,在实际的教学过程中,有一些问题需要加以注意。例如,教师应该在引导学生自主学习的同时,也要确保教学内容的准确性和完整性。教师应该在学生需要的时候提供适当的指导和帮助,避免学生走弯路和浪费时间。此外,教师也应该在教学过程中注重培养学生的创新能力和实践能力,让他们能够更好地应对环境学领域的挑战和机遇。

(四)学生自主探究,教师适时指导

在自主学习理念的指导下,学生可以通过自我探索、合作交流等方式,深入研究环境学领域的知识,而教师在这个过程中,需要适时地给予指导,帮助学生解决遇到的问题,提高学习效果。

在现代教育理念中,学生不再是被动接受知识的对象,而是积极参与、主动探索的主体。因此,在环境学课程教学中,教师应该充分尊重学生的自主性,鼓励学生通过查阅资料、进行实验、参与讨论等方式,主动探索环境学领域的知识。在这个过程中,教师应该扮演指导者的角色,为学生提供必要的帮助和指导,帮助学生更好地理解环境学知识,提高学习效果。

在学生自主探究的过程中,教师需要密切关注学生的学习情况,了解学生遇到的问题和困难,及时给予指导。同时,教师还应该根据学生的学习进度和能力水平,调整教学内容和教学方法,确保学生能够更好地掌握环境学知识。此外,教师还应该引导学生进行自主思考和探究,激发学生的学习兴趣,提高学生的学习效果。

学生自主探究和教师适时指导的结合,是环境学课程教学的重要特点。教师应该在充分尊重学生自主性的前提下,给予适当的指导,帮助学生更好地理解环境学知识,提高学习效果。同时,教师还应该根据学生的学习情况,灵活调整教学内容和教学方法,确保学生能够更好地掌握环境学知识。

(五)课堂评价与反馈,促进持续改

在环境学课程教学中,自主学习理念的引入可以有效地提高学生的学习积极性和学习效果。课堂评价与反馈是促进学生自主学习的重要手段,可以引导学生正确认识自己的学习状态,促进学生的持续进步。

课堂评价可以激发学生的学习兴趣和动力。通过评价,学生可以了解自己在学习过程中的优点和不足,从而更好地调整自己的学习方法和策略,提高学习效果。同时,评价也可以让学生对自己的学习成果有一个明确的认识,从而更好地激励自己不断进步。

课堂反馈可以帮助学生更好地掌握学习内容。通过反馈,学生可以了解自己的学习情况,及时发现自己的问题并进行改正。同时,反馈也可以帮助教师了解学生的学习情况,从而更好地指导学生,提高教学效果。

课堂评价与反馈可以促进学生的自主学习。通过评价和反馈,学生可以了解自己的学习状态,从而自主调整自己的学习方法和策略,提高学习效果。同时,评价和反馈也可以引导学生树立正确的学习观念,从而更好地实现自主学习。

第二节 深度学习理念在环境学课程教学中的应用

一、环境学课程深度学习理念概述

(一)深度学习的概念

深度学习,作为一种通过多层次神经网络对输入数据进行特征提取和分类的方法,与传统的人工智能技术有着显著的区别。它摒弃了人工定义特征和规则的过程,而是通过自动学习的方式,从大量的数据中提取出有效的特征,进而实现对输入数据的分类和预测。在环境学课程教学中,深度学习为教学带来了新的可能性和挑战。

在气候变化课程中，深度学习可以用来预测未来的气候变化趋势。通过构建复杂的神经网络模型，我们可以从大量的气象数据中提取出关键的特征，如温度、降水等，从而对气候变化进行更为准确的预测。这样的预测不仅可以帮助学生更好地理解气候变化对环境的影响，而且可以帮助他们更好地应对气候变化带来的挑战。

在生态学课程中，深度学习可以用来预测生态系统的变化趋势。通过对生态系统的各种数据进行深度挖掘，我们可以提取出关键的特征，如物种多样性、营养结构等，从而对生态系统的变化趋势进行预测。这样的预测不仅可以帮助学生更好地了解生态系统对环境的影响，而且可以帮助他们更好地保护和管理生态系统。

在环境监测课程中，深度学习可以用来对环境数据进行分析和预测。通过对大量的环境监测数据进行深度学习，我们可以提取出关键的特征，如污染程度、生态环境等，从而对环境数据进行准确的分析和预测。这样的预测不仅可以帮助学生更好地了解环境监测的方法和技术，而且可以帮助他们更好地评估和管理环境。

在环境政策课程中，深度学习可以用来预测不同政策对环境的影响。通过对大量的环境政策数据进行深度学习，我们可以提取出关键的特征，如政策内容、实施效果等，从而对不同政策对环境的影响进行预测。这样的预测不仅可以帮助学生更好地了解环境政策制定和实施的方法和效果，而且可以帮助他们更好地评估和优化环境政策。

（二）深度学习在环境学课程教学中的重要性

深度学习是一种强大的机器学习技术，可以处理大量的数据，并从中提取出复杂的模式和关系。随着环境学领域对数据分析和预测需求的不断增加，深度学习技术在环境学课程教学中的重要性也越来越凸显。

深度学习可以帮助学生更好地理解环境学的概念和原理。例如，深度学习可以用于模拟生态系统中的物种相互作用，帮助学生更好地理解生态平衡和物种灭绝等概念。深度学习还可以用于模拟气候变化对生态系统的影响，帮助学生更好地理解气候变化对环境的影响。

深度学习可以帮助学生更好地掌握环境学的数据分析技能。例如，深度学习可以用于分析气象数据，帮助学生更好地理解气候变化和天气模式。深度学习还可以用于分析遥感图像，帮助学生更好地理解土地利用和生态系统变化等概念。

深度学习可以帮助学生更好地理解环境问题的解决方案。例如，深度学习可以用于预测污染物的扩散和迁移，帮助学生更好地理解环境污染问题的解决方案。深度学习还可以用于预测生态系统的恢复和重建，帮助学生更好地理解生态系统的管理和保护。

深度学习可以帮助学生更好地了解环境学的应用前景。例如，深度学习可以用于预测环境风险和危害，帮助学生更好地了解环境问题的紧迫性和重要性。深度学习还可以用于预测环境政策和措施的有效性和可行性，帮助学生更好地了解环境学的应用前景。

二、深度学习在环境学中的应用

（一）环境监测

（1）空气质量监测

深度学习理念在环境学课程教学中的应用，其中空气质量监测是其中一个重要的领域。空气质量监测对于环境保护和人类健康有着至关重要的作用，而深度学习作为一种能够处理大量复杂数据和模式识别的技术，可以有效地应用于空气质量监测领域。

空气质量监测是指对大气中各种污染物浓度进行实时、准确的测量和监测，以便及时发现和预警空气污染事件。传统的空气质量监测方法包括手工监测、气相色谱法、原子吸收光谱法等，但这些方法存在一些局限性，比如手工监测需要大量的人力物力，气相色谱法和原子吸收光谱法需要复杂的仪器和操作。

相比之下，深度学习具有处理大量数据和模式识别的能力，可以有效地应用于空气质量监测领域。例如，利用深度学习技术可以对大气中的各种污染物进行实时监测和分析，从而预测未来的空气质量变化趋势。同时，深度学习技术还可以通过模式识别和分类，对不同类型的空气污染进行快速识别和预警，提高空气质量监测的效率和准确性。

在实际应用中，深度学习技术可以通过多种方式应用于空气质量监测领域。例如，可以利用深度学习技术对空气质量数据进行实时监测和分析，从而预测未来的空气质量变化趋势。同时，还可以利用深度学习技术对不同类型的空气污染进行快速识别和预警，提高空气质量监测的效率和准确性。此外，深度学习技术还可以用于空气质量数据的可视化和展示，帮助人们更好地理解和掌握空气质量数据。

（2）水环境监测

水环境监测是环境科学中一个重要的环节，其目的是实时、准确地监测水质变化，为水环境保护提供科学依据。传统的监测方法主要包括物理、化学和生物等方法，这些方法在一定程度上能够反映水质变化，但存在一定局限性，如监测数据受人为因素影响较大，实时性不足，不能及时发现水质异常等。

随着深度学习技术的不断发展，其在水环境监测领域的应用前景广阔。深度学习具有强大的特征提取和模式识别能力，可以有效地从大量复杂的监测数据中提取出关键特征，实现对水质变化的准确预测。同时，深度学习技术可以实现实时监测，为水环境保护提供及时、有效的决策支持。

（3）生态监测

生态监测是环境学中非常重要的一个环节，它涉及对各种环境因素的监测和评估，如空气质量、水质、噪声等。

在生态监测中，深度学习可以用于对各种环境因素的监测和分析。例如，在空气质量监测中，深度学习可以用于对空气污染物的监测和分析，从而提高监测的准确性和效率。通过使用深度学习算法，可以对大量的空气质量数据进行自动分析和处理，从而快速准确地监测出空气质量的变化情况。此外，深度学习还可以用于对水质的监测和分析，从而更好地保护水资源。

在生态监测中，通过使用深度学习算法，可以对历史数据进行分析，从而预测未来的环境因素变化情况。例如，在预测空气质量时，可以利用深度学习算法对历史数据进行分析，从而预测未来的空气质量变化情况。这样可以帮助环保部门更好地制定环境保护计划，从而更好地保护环境。

在生态监测中，通过使用深度学习算法，可以对各种环境因素的影响进行评估，从而更好地了解环境问题的本质。例如，在评估气候变化对环境的影响时，可以利用深度学习算法对历史数据进行分析，从而评估气候变化对环境的影响。这样可以帮助人们更好地了解环境问题的本质，从而更好地制定环境保护计划。

深度学习在生态监测中的应用可以提高监测的准确性和效率，同时也可以为环境保护提供更加有力的支持。通过使用深度学习算法，可以对各种环境因素进行监测和分析，从而更好地保护环境。

（二）环境预测与决策

环境预测是环境保护和可持续发展的重要任务之一。传统的环境预测方法通常基于统计模型和机器学习算法，但这些方法往往受到数据量、数据质量、模型参数等因素的影响，导致预测结果的准确性不足。而深度学习可以通过自动学习复杂的特征和规律，实现对大量数据的预测。

深度学习在环境预测中的应用主要包括以下几个方面。

（1）气象预测

气象预测是环境保护和可持续发展的基础。传统的气象预测方法通常基于统计模型和物理模型，但这些方法往往受到数据量、数据质量、模型参数等因素的影响，导致预测结果的准确性不足。而深度学习可以通过自动学习气象数据中的复杂特征和规律，实现对气象事件的预测。例如，深度学习可以用于预测台风、暴雨、干旱等气象事件的发生时间和影响范围，为环境保护和应急处理提供更加准确的决策支持。

（2）水质预测

水质预测是环境保护和可持续发展的关键。传统的水质预测方法通常基于物理模型和化学模型，但这些方法往往受到数据量、数据质量、模型参数等因素的影响，导致预测结果的准确性不足。而深度学习可以通过自动学习水质数据中的复杂特征和规律，实现对水质事件的预测。例如，深度学习可以用于预测水体富营养化、污染物的排放和水质变化等水质事件的发生时间和影响范围，为环境保护和应急处理提供更加准确的决策支持。

（3）生态预测

生态预测是环境保护和可持续发展的基础。传统的生态预测方法通常基于物理模型和生态模型，但这些方法往往受到数据量、数据质量、模型参数等因素的影响，导致预测结果的准确性不足。而深度学习可以通过自动学习生态数据中的复杂特征和规律，实现对生态事件的预测。例如，深度学习可以用于预测森林火灾、生态系统变化、生物入侵等生态事件的发生时间和影响范围，为环境保护和应急处理提供更加准确的决策支持。

环境预测是环境保护和可持续发展的基础，而深度学习可以通过自动学习复杂特征和规律，实现对大量数据的预测，为环境保护和应急处理提供更加准确的决策支持。在环境决策中,深度学习可以应用于以下几个方面。

（1）环境风险评估

环境风险评估是环境保护和可持续发展的关键,可以帮助决策者评估和控制环境风险。传统的环境风险评估方法通常基于物理模型和化学模型,但这些方法往往受到数据量、数据质量、模型参数等因素的影响,导致评估结果的准确性不足。而深度学习可以通过自动学习环境数据中的复杂特征和规律,实现对环境风险的评估。例如,深度学习可以用于评估污染物排放、自然灾害等环境风险的发生概率和影响范围,为环境保护和应急处理提供更加准确的决策支持。

（2）环境保护规划

环境保护规划是环境保护和可持续发展的基础,可以帮助决策者制定和实施环境保护政策。传统的环境保护规划方法通常基于统计模型和机器学习算法,但这些方法往往受到数据量、数据质量、模型参数等因素的影响,导致规划结果的准确性不足。而深度学习可以通过自动学习环境保护数据中的复杂特征和规律,实现对环境保护规划的制定和实施。例如,深度学习可以用于评估环境保护政策的实施效果、确定环境保护目标和措施等,为环境保护和可持续发展提供更加准确的决策支持。

深度学习在环境预测和决策中的应用具有重要的意义。通过深度学习,可以实现对大量数据的预测和评估,为环境保护和可持续发展提供更加准确和高效的决策支持。同时,深度学习还可以应用于环境保护规划和实施,为环境保护和可持续发展提供更加科学和合理的决策支持。

（三）环境管理与优化

环境管理与优化是环境学课程中的一个重要内容,深度学习理念在环境管理与优化中的应用,可以提高环境管理的效率和准确性,为环境问题的解决提供新的思路和方法。

（1）污染物减排策略

污染物减排策略是环境保护的重要手段,可以有效减少环境污染,提高空气质量。在环境学课程教学过程中,教师可以利用深度学习技术来帮助学生更好地理解污染物减排策略。例如,教师可以利用深度学习技术来分析污染物减排策略的优缺点,帮助学生更好地理解各种减排策略的适用性和局限性。

深度学习还可以用于污染物减排策略的预测和优化。通过分析历史数据,深度学习模型可以预测未来污染物的排放情况,并给出相应的减排建议。教师可以利用深度学习技术来帮助学生更好地理解污染物减排策略的预测和优化过程,并提高其环境保护意识。

在环境学课程教学过程中,教师还可以利用深度学习技术来帮助学生更好地理解污染物减排策略的成本效益分析。通过分析不同污染物减排策略的成本和效益,深度学习模型可以给出相应的优化建议,帮助学生更好地理解污染物减排策略的成本效益分析过程。

基于深度学习理念在环境学课程教学中的应用,可以帮助学生更好地理解污染物减排策略的优缺点、预测和优化过程以及成本效益分析。教师可以利用深度学习技术来提高学生环境保护意识,培养其环保意识和环保责任感,促进环境保护事业的发展。

(2)生态系统保护策略

生态系统保护策略是指为了保护生态系统而采取的一系列措施,包括保护生态系统中的生物多样性和保护生态系统的完整性。生态系统保护策略可以分为以下几个方面。

①生态保护策略。生态保护策略是指通过保护生态系统中的生物多样性和生态系统的完整性来保护生态系统的措施。例如,建立自然保护区、保护野生动植物、控制污染物排放等。

②恢复生态策略。恢复生态策略是指在生态系统受到破坏后,通过一系列措施恢复生态系统的功能和多样性的策略。例如,植被恢复、湿地恢复、河流治理等。

③生态教育策略。生态教育策略是指通过教育手段提高公众对生态系统保护的认识和意识,促进公众参与生态系统保护的策略。例如,开展生态教育活动、制作生态教育宣传材料等。

在环境学课程教学中的应用,我们可以将生态系统保护策略融入课程的教学内容中,提高学生的环境保护意识和能力。例如,在教学过程中可以结合具体的案例,介绍生态系统保护策略的应用,让学生了解生态系统保护的重要性。同时,可以通过模拟实验、实地考察等方式,让学生亲身体验生态系统保护策略的实际应用,提高学生的实践能力和创新意识。

此外,在教学过程中,我们还可以利用深度学习技术,如虚拟现实、增强现实等技术,模拟真实的生态系统,让学生在虚拟环境中学习生态系统保护策略的应用。通过这种方式,可以提高学生的学习兴趣和参与度,增强学生的学习效果。

（3）可持续城市规划

可持续城市规划是研究如何在城市化进程中实现经济、社会和环境可持续发展的学科。在环境学课程中，引入深度学习理念，可以有效提高学生对可持续城市规划的理解和实践能力。

深度学习技术可以用于城市环境数据的分析。城市环境数据包括空气质量、水质、噪声等，这些数据对于可持续城市规划至关重要。利用深度学习技术，可以从海量数据中自动提取有用的特征，提高数据分析的效率和准确性。例如，可以通过深度神经网络对空气质量数据进行预测，为政府制定环保政策提供科学依据。

深度学习技术可以用于城市交通规划。城市交通是影响环境质量的重要因素，利用深度学习技术，可以分析城市交通流量、拥堵程度等数据，为优化城市交通规划提供决策支持。例如，可以通过深度神经网络对交通流量进行预测，为交通管理部门制定合理的出行建议。

深度学习技术还可以用于城市生态规划。城市生态规划关注城市绿化、生物多样性等环境问题。利用深度学习技术，可以对城市生态系统进行动态模拟，预测生态系统的变化趋势，为城市生态规划提供科学依据。例如，可以通过深度神经网络对城市绿化效果进行评估，为政府制定绿化政策提供参考。

三、深度学习在环境学课程教学中的应用

深度学习在环境学课程教学中的融入，为教学方式的优化与提升提供了有力支持。通过个性化教学策略、自主学习模式的构建以及学习成效的预测与评估，深度学习技术帮助学生更好地理解和掌握环境学知识。同时，通过强化互动教学、有效利用多媒体资源以及推广项目式学习等教学方式的改进，教师能够为学生创造一个严谨、稳重、理性的学习环境，激发他们的学习兴趣与动力，培养他们的创新精神和解决问题的能力。这些改进不仅有助于提升环境学课程的教学质量，也为培养具备环保意识和社会责任感的未来人才奠定了坚实基础。

（一）教学方式的优化与提升

（1）强化互动教学。在环境学课程教学中，引入更多互动元素，如小组讨论、案例分析等。这些活动旨在激发学生的学习兴趣，提高他们的课

堂参与度,促使他们在实践中深化对环境学知识的理解与应用。

(2)有效利用多媒体资源。充分利用视频、音频、图像等多媒体资源,帮助学生更直观地理解环境学知识。教师应制作内容丰富、形式多样的课件,提高课堂教学质量。

(3)推广项目式学习。项目式学习以学生为中心,鼓励学生通过实际项目来学习和应用知识。在环境学课程教学中,教师应设计与环境问题紧密相关的项目,让学生在实践中锻炼自身能力,培养创新精神和解决问题的能力。

(二)利用虚拟现实技术

虚拟现实技术能够为学生提供一种沉浸式的学习体验,使他们能够更加生动地理解并掌握环境学的相关知识。

通过虚拟现实技术,教师可以让学生在课堂上身临其境地感受不同的气候环境,如热带雨林、沙漠和极地等。这种学习方式能够使学生更深入地理解各种气候类型的特征以及环境变化对人类社会的影响。

虚拟现实技术可以为学生提供更为逼真的实验和模拟环境。例如,教师可以利用这一技术构建一个虚拟城市,让学生亲身体验城市化对环境的实际影响。这有助于学生更深刻地理解城市化对环境的影响,并更好地掌握相关的环境保护方法和措施。

虚拟现实技术还能够为学生提供更加丰富的学习资源。通过这一技术,学生可以参观各种自然景观,如山川、海洋和沙漠等,从而更全面地了解这些景观的特点和保护方法。这将有助于学生更好地掌握环境保护的相关技能和知识。

(三)实践教学环节强化

实践教学环节是环境学课程的重要部分,能帮助学生将理论知识转化为实际操作能力。在此过程中,教师可以运用深度学习技术,提供丰富、智能的学习资源,如智能实验室、模拟器等,帮助学生更好地掌握环境学知识。同时,深度学习技术还可以提供智能化的学习指导、反馈和评价,增强学生的学习体验和实践能力。通过深度学习技术的应用,实践教学环节能更好地促进学生的实践能力和创新能力的培养。

（四）评价方式变革

深度学习理念在环境学课程教学中占有一席之地，其评价方式的改进更是关键环节。传统的环境学课程评价主要依赖考试形式，但这种方式具有局限性。例如，考试主要评价学生对特定知识点的掌握，而难以全面反映学生的综合能力和创新思维。此外，考试亦无法衡量学生在实际应用中的表现，因此，评价方式的改革势在必行。

一是以项目制作为主。项目制作是一种综合性的评价方式，旨在评价学生在知识掌握、创新思维、团队协作等多方面的能力。在此模式下，学生需选定一个主题，历经调研、设计、实施和评价等多个阶段。学生需运用所学知识，提出创新解决方案，并与团队成员协同完成项目。这种方法能更全面地评价学生的综合能力和创新潜能。

二是以实验制作为主。实验制作强调实践操作，让学生在实践中学习和成长。在此模式下，学生可自选实验主题，经历实验设计、操作和分析等环节。学生需运用所学知识，设计实验方案，进行实验操作，并解读实验结果。这种方式有助于评价学生的实践能力和创新思维。

此外，还有其他多种评价方式，如案例分析、口头报告和小组讨论等。这些方式不仅能够评价学生的综合能力和创新思维，还能让学生在实践中学习和成长。

第三节　移动式学习理念在环境学课程教学中的应用

一、移动式学习的定义

移动式学习是一种新型的学习方式，它利用移动设备和无线网络技术，让学习者在任何时间、任何地点都可以进行学习。与传统的课堂教学相比，移动式学习具有更多的灵活性和便利性，可以更好地满足学习者的个性化需求。

在环境学课程教学中的应用，移动式学习可以有效地提高学习者的学习效果。环境学是一门涉及广泛知识领域的学科，包括生态学、气象学、地质学、地理学等多个方面。学习者需要掌握大量的知识和技能，同时也需要具备良好的实践能力和应用能力。

移动式学习可以帮助学习者更好地掌握知识。通过移动设备和无线网络技术,学习者可以随时随地查阅资料、观看视频、参与讨论等。这种方式可以有效地提高学习者的学习兴趣和学习动机,同时也能够增强学习者的记忆力和理解力。

移动式学习可以帮助学习者更好地应用知识。环境学课程涉及的知识点非常多,学习者需要具备良好的实践能力和应用能力。移动式学习可以提供丰富的实践案例和应用场景,让学习者更好地了解和掌握知识,同时也能够提高学习者的实践能力和应用能力。

移动式学习可以帮助学习者更好地掌握学习进度。学习者可以根据自己的学习进度和能力水平,选择合适的学习内容和难度,进行有针对性的学习。这种方式可以有效地提高学习者的学习效果和学习满意度。

在环境学课程教学中的应用,移动式学习可以有效地提高学习者的学习效果和学习满意度。学习者可以通过移动设备和无线网络技术,随时随地查阅资料、观看视频、参与讨论等,更好地掌握知识。同时,移动式学习也可以提供丰富的实践案例和应用场景,让学习者更好地了解和掌握知识,提高学习者的实践能力和应用能力。此外,移动式学习还可以帮助学习者更好地掌握学习进度,提高学习效果和学习满意度。

二、移动式学习在环境学课程教学中的优势

在环境学课程教学中,移动式学习发挥着重要的作用,主要体现在以下几个方面。

移动式学习可以提供更加灵活的学习方式。传统的课堂学习方式往往受到时间和地点的限制,而移动式学习可以让学生随时随地进行学习。学生可以在家里、公交车上、公园等任何场所学习,这种灵活的学习方式可以让学生更加自由地安排自己的学习时间,提高学习效率。

移动式学习可以提供更加丰富的学习资源。传统的课堂学习方式往往受到教材和教具的限制,而移动式学习可以让学生通过互联网等渠道获取更多的学习资源。学生可以随时随地访问相关的学习网站、下载相关的学习资料、观看相关的视频等,这种丰富的学习资源可以让学生更加全面地了解环境学知识。

移动式学习可以提供更加互动的学习方式。传统的课堂学习方式往往是以教师为中心的,学生被动接受知识,而移动式学习可以让学生通过

社交媒体、在线讨论等方式与教师和其他学生互动，这种互动的学习方式可以提高学生的学习兴趣和参与度。

移动式学习还可以提供更加个性化的学习方式。传统的课堂学习方式往往是以班级为单位进行的，学生之间的学习进度和水平不同，而移动式学习可以让学生根据自己的学习进度和水平进行学习，这种个性化的学习方式可以提高学生的学习效果和满意度。

移动式学习在环境学课程教学中的应用具有多种优势，包括提供更加灵活的学习方式、丰富的学习资源、互动的学习方式、个性化的学习方式等。这些优势可以让学生更加自由地安排自己的学习时间，更加全面地了解环境学知识，提高学习效率和满意度。因此，移动式学习将成为未来环境学课程教学中的重要发展趋势。

三、移动式学习在环境学课程教学中的具体应用

（一）教学资源的应用

在环境学课程教学中，运用移动式学习理念有助于显著提升教学效果。教学资源的应用在这一过程中扮演着至关重要的角色。这些资源不仅涵盖教材、课件等传统教学手段，还涉及网络资源、移动应用等多种新型形式。通过科学合理地运用这些教学资源，能够为学生创造更加丰富多彩、生动有趣的学习体验，进而提升他们的学习效果。

在移动式学习的理念下，教材的应用可以更加多样化。例如，可以将教材以电子书的形式发布在移动应用上，学生可以随时随地方便地阅读和学习。此外，教材还可以结合移动式学习的特点，设计一些互动性的问题或案例，激发学生的学习兴趣和思考能力。

在环境学课程教学中，课件的应用也可以借助移动式学习的理念进行创新。例如，教师可以将课件制作成二维码，学生可以通过扫描二维码获取相关资料。这样不仅可以提高课件的利用率，还可以节省课堂上的时间，使课堂更加高效。

在移动式学习的理念下，网络资源的应用可以更加广泛。教师可以利用网络资源为学生提供丰富的学习资料，如环境学领域的最新研究成果、案例分析等。同时，学生也可以通过网络资源进行自主学习，拓展自己的知识面。

在环境学课程教学中，教师可以利用移动应用为学生提供更加便捷的学习途径。例如，教师可以开发一些与环境学课程相关的移动应用，如学习笔记、习题解答等，学生可以随时随地方便地使用。

（二）教学方法的应用

教学方法是教学过程中的关键环节，能够直接影响到学生的学习效果和兴趣。在移动式学习理念的环境学课程教学中，教学方法的应用至关重要。

（1）案例教学法

案例教学法是一种以实际案例为基础的教学方法，可以让学生通过分析案例，加深对知识的理解和掌握。在环境学课程教学中，可以采用案例教学法，选取一些典型的环境问题案例，如气候变化、环境污染等，让学生通过分析案例，了解环境问题的成因、危害和解决方法。案例教学法不仅可以激发学生的学习兴趣，还可以提高学生的实践能力和创新能力。

（2）互动式教学法

互动式教学法是一种以学生为中心的教学方法，可以增强学生的参与感和学习兴趣。在环境学课程教学中，可以采用互动式教学法，如小组讨论、课堂互动等。教师可以提出一些问题，引导学生进行讨论，鼓励学生表达自己的观点和看法。通过互动式教学法，学生可以更好地理解和掌握知识，同时也可以提高学生的沟通能力和团队协作能力。

（3）情境教学法

情境教学法是一种以情境为基础的教学方法，可以让学生在情境中学习知识和技能。在环境学课程教学中，可以采用情境教学法，如模拟实验、实地考察等。教师可以设计一些情境，让学生在情境中学习知识和技能，如模拟气候变化对环境的影响，实地考察城市环境污染情况等。情境教学法可以让学生更好地理解和掌握知识，同时也可以提高学生的实践能力和观察能力。

（4）远程教学法

远程教学法是一种以远程学习为基础的教学方法，可以让学生在任何时间、任何地点学习知识和技能。在环境学课程教学中，可以采用远程教学法，如在线课程、网络教学等。教师可以设计一些在线课程，让学生在任何时间、任何地点学习知识和技能。远程教学法可以让学生更好地掌握知识和技能，同时也可以提高学生的自主学习能力和适应能力。

（三）学习工具的应用

在环境学课程教学中，学习工具的应用不仅可以提高学生的学习兴趣和参与度，还可以促进学生对知识的深入理解和掌握。

学习工具的应用可以促进学生的自主学习。在环境学课程教学中，教师可以利用各种学习工具，如在线课程、移动应用程序、虚拟实验室等，为学生提供更加灵活、自主的学习方式。学生可以根据自己的学习进度和兴趣选择学习内容，同时也可以随时随地进行学习，提高了学习效率和自主性。

学习工具的应用可以促进学生的互动和合作。在环境学课程教学中，教师可以利用在线讨论、小组合作、互动式教学等方式，让学生在互动和合作中共同学习。通过学习工具的应用，学生可以更加方便地与同学交流和合作，共同完成学习任务，提高了学习效果和团队协作能力。

学习工具的应用可以促进学生的创新和思维。在环境学课程教学中，教师可以利用在线模拟、实验设计、创新竞赛等方式，激发学生的创新思维和创造力。通过学习工具的应用，学生可以更加方便地开展实验和模拟，提高创新能力和思维深度。

学习工具的应用可以促进学生的全面发展和综合素质的提升。在环境学课程教学中，教师可以利用学习工具，结合课程内容，开展多种形式的学习活动，如阅读、写作、演讲、调研等，全面提高学生的语言、思维、文化、艺术等综合素质。

四、移动式学习在环境学课程教学中的应用案例

以《环境科学导论》一书的第二章“水体环境”作为主题，将分别围绕“水资源与水环境现状”“水体主要污染物及水环境质量标准”“海绵城市建设”“城市河湖黑臭水体治理技术”“水体富营养化问题”“饮用水常规处理技术”以及“废水处理方法概述”等多个方面进行深入探讨。我们将以此为基础制作一系列专题微课，供学生在线观看预习，并鼓励学生在课后进行线下思考讨论，以期加深对水体环境保护及相关治理技术的理解与应用。

（一）案例教学

在制作"水资源与水环境现状"微课视频时，精心选取了古巴比伦文明的兴衰、楼兰古城的辉煌与消亡原因，以及日本水俣病环境公害事件等视频影像资料。这些案例旨在以直观的方式展示水资源对人类文明与发展的至关重要性，进而引出水资源和水循环的核心知识点。

结合对生态环境部每年发布的年度环境质量公报的深入分析，全面阐述了我国当前的水环境状况以及亟待解决的关键问题。在遵循专业课思政教学思路的前提下，介绍了相关法律法规，并展示了近年来我国在水生态文明建设方面所取得的显著成果。通过这种方式，旨在增强学生对水资源与水环境重要性的认识，同时培养他们的环保意识和法治观念。

（二）课外学习材料

"水资源与水环境现状"微课深度解析——《水污染防治行动计划》及其对城市河湖黑臭水体治理的影响。

在现代社会，水资源与水环境的保护问题日益受到人们的关注，特别是在城市化进程不断加快的背景下，城市河湖黑臭水体问题成了我们必须面对的挑战。为了解决这一问题，我国政府制定了《水污染防治行动计划》（简称"水十条"），旨在明确我国水污染防治的目标和行动计划。本节将结合这一课外学习材料，深入分析城市河湖黑臭水体问题的现状、成因、危害以及整治技术，并探讨这一行动计划对大学生创新创业课题的启示。

（1）我国黑臭水体污染现状。黑臭水体是指由于污染严重、水体缺氧等原因导致的水体发黑、发臭的现象。在我国，随着城市化进程的加速，大量工业废水、生活污水等未经处理直接排入河流湖泊，导致黑臭水体问题日益严重，这不仅影响了水资源的利用效率，还对人们的生活环境和健康造成了极大的威胁。

（2）黑臭水体成因及危害。黑臭水体的成因主要包括工业废水排放、生活污水直排、农业水源污染等。这些污染物进入水体后，会消耗水中的溶解氧，导致水体缺氧，进而引发水体黑臭。黑臭水体的危害表现在多个方面，如破坏水生态平衡、影响饮用水安全、降低水环境景观价值等。

（3）黑臭水体分级与判定标准。为了更好地管理和整治黑臭水体，我国制定了相应的分级与判定标准。根据水体的黑臭程度、污染程度等因素，将黑臭水体分为轻度、中度、重度三个等级。这一判定标准为后续的整治工作提供了依据。

（4）黑臭水体整治技术。针对黑臭水体问题，我国已经形成了多种整治技术，如生态浮岛、充氧曝气等。生态浮岛是一种通过在水面上种植植物来净化水质的技术，可以有效去除水中的污染物，改善水体生态环境。充氧曝气则是通过向水体中充入氧气，提高水体的溶解氧含量，从而消除黑臭现象。这些技术的应用为城市河湖黑臭水体治理提供了有力支持。

（5）《水污染防治行动计划》的影响。《水污染防治行动计划》的出台为我国水污染防治工作指明了方向。根据该计划，到2020年，地级及以上城市建成区黑臭水体均控制在10%以内，到2030年，城市建成区黑臭水体总体得到消除。这一目标的实现需要政府、企业和社会各界的共同努力。同时，该计划也为大学生创新创业课题提供了新的思路。通过研发先进的净水设备、提高环境检测水平等措施，我们可以为城市河湖黑臭水体治理贡献自己的力量。

城市河湖黑臭水体治理是一项长期而艰巨的任务，我们需要从多个角度入手，采取综合措施来解决这一问题。通过深入了解黑臭水体污染现状、成因、危害以及整治技术等方面的知识，我们可以更好地参与到这一工作中来。同时，《水污染防治行动计划》的出台也为我们的创新创业课题提供了新的启示和思路。让我们携手共进，为保护水资源与水环境贡献自己的力量。

（三）动画演示与仿真

在《饮用水常规处理技术》与《废水处理方法概述》这两部重要的教材中，教师创新地融入了动画演示与模拟仿真技术，为学生带来了前所未有的直观与生动的视觉体验。通过Flash动画演示程序，教师精细地展示了混凝机理、沉淀池、过滤池、消毒原理、活性污泥法、生物膜法等核心设备及工艺流程的工作原理。这种创新的教学方式不仅显著提升了学生的学习效率，还极大地激发了他们的学习兴趣和思维能力。

动画演示技术使得抽象和复杂的水处理工艺变得直观易懂。例如，在展示混凝机理时，教师通过动画模拟了水中的微小颗粒如何通过混凝剂的作用凝聚成较大的颗粒，进而实现沉淀。在展示沉淀池和过滤池的工作原理时,教师利用动画详细描绘了水流在这些设备中的流动路径以及杂质如何被有效去除的过程。

同样,教师利用模拟仿真技术重现了活性污泥法和生物膜法等生物处理技术的核心过程。学生可以通过动画观察到微生物如何在水处理过程中发挥关键作用,将有机污染物转化为无害物质。这种教学方式不仅帮助学生深入理解了水处理的生物学原理,还激发了他们对环境科学和工程的兴趣。

这种动画演示与模拟仿真技术的运用,为学生今后学习专业核心课程"给水工程"和"水污染控制工程"奠定了坚实的基础。通过预先接触和熟悉这些复杂的水处理工艺,学生在后续课程中能够更加自信地面对挑战,并更加深入地理解和应用相关知识。

综上所述,通过巧妙地运用动画演示和模拟仿真技术,教师不仅为学生提供了直观且生动的视觉体验,还极大地促进了他们的学习效果和兴趣。这种创新的教学方式无疑为水处理领域的教育教学带来了革命性的变革。

(四)章节学习要点

通过微课的自主学习模式,学生得以在线上自由规划预习与复习时段,不受时间与地点的约束。通过重复观看章节的核心学习内容,学生能够深化对知识点的认知与记忆,从而在实际学习和生活中更好地运用。此外,微课的播放频次、线上作业的提交情况以及课程互动讨论等数据,为教师提供了便捷的途径以掌握学生的知识掌握情况,使得课堂教学更具针对性与实效性。

在移动学习环境的助力下,《环境科学导论》的教学得以呈现出活泼且具象的交互式课堂场景,并辅以丰富的图文信息资源。通过整合音频、视频资源以及利用云数据平台对各类教学数据的精确分析,能够有效地激发学生的学习兴趣,并帮助教师更准确地把握学生对知识点的理解程度。然而,对于微课程的策划与开发,教师仍需持续深入研究,以确保其能满足各层次环境科学导论教学目标的需求。

第四节　体验式学习理念在环境学课程教学中的应用

一、体验式学习理念概述

（一）体验式学习的定义

体验式学习是一种以学生为中心，注重学生主动参与、实践和反思的学习方式。在环境学课程教学中，体验式学习理念的应用可以帮助学生更好地理解和掌握环境学知识，提高学生的实践能力和创新能力。

体验式学习强调学生的主动参与和实践，学生可以通过亲身体验来加深对知识的理解和记忆。在环境学课程教学中，教师可以组织学生进行实地考察、实验、设计等活动，让学生亲身参与环境问题的解决过程，从而加深对环境问题的理解和认识。例如，教师可以组织学生进行城市绿化考察，让学生亲身感受到城市化进程中环境问题的严重性，并思考如何解决这些问题。

体验式学习强调学生的反思和自我评价，学生可以通过自我反思来加深对知识的理解和掌握。在环境学课程教学中，教师可以组织学生进行学习心得分享、实践经验交流等活动，让学生在交流中反思自己的学习过程，发现自己的不足之处，并思考如何改进。例如，教师可以组织学生进行小组讨论，分享自己的学习心得和实践经验，并相互评价对方的优点和不足之处。

体验式学习强调学生的创造性和创新能力，学生可以通过创造和实践来加深对知识的理解和掌握。在环境学课程教学中，教师可以组织学生进行创新设计、科技竞赛等活动，让学生在实践中发挥自己的创造力和创新能力。例如，教师可以组织学生进行环境科技产品设计比赛，让学生在实践中运用所学的环境学知识发挥自己的创造力和创新能力。

（二）体验式学习的特点

体验式学习的特点主要体现在以下几个方面。

（1）实践性。体验式学习强调学生的实践操作和实践经验，教师应该为学生提供实际操作和实践的机会，让学生在实践中学习知识和技能。在环境学课程中，教师可以组织学生实地考察、实验、调研等活动，让学生亲身感受和了解环境学的基本概念和知识。

（2）情境性。体验式学习注重情境的创设，让学生在情境中学习知识和技能。在环境学课程中，教师可以创设不同的情境，例如，模拟环境污染、生态修复等场景，让学生在情境中感受和理解环境学的基本概念和知识。

（3）自主性。体验式学习强调学生的自主性和自我探索能力，教师应该为学生提供足够的自主空间，让学生自主探索和实践。在环境学课程中，教师可以提供自主学习的机会，例如，让学生自主选择学习内容、自主安排学习时间等，让学生自主探索和实践。

（4）互动性。体验式学习注重学生之间的互动和合作，教师应该组织学生进行互动和合作，促进学生的交流和合作。在环境学课程中，教师可以组织学生进行小组讨论、合作实验等活动，促进学生的交流和合作。

体验式学习是一种注重实践、情境、自主和互动的教学方式，可以帮助学生更好地理解和掌握环境学的基本概念和知识，同时也可以提高学生的实践能力和创新意识。在环境学课程中，教师应该注重实践性、情境性、自主性和互动性，创设丰富的教学活动，帮助学生更好地体验和理解环境学的基本概念和知识。

二、体验式学习在环境学课程中的优势

体验式学习可以提高学生的学习兴趣和参与度。通过实践和操作，学生可以更加深入地理解课程内容，从而增强学习的兴趣和动力。此外，体验式学习还可以激发学生的创造力和创新能力，让他们更加积极地参与学习过程。

体验式学习可以促进学生的团队合作和协作能力。在环境学课程中，学生需要进行实验、调查和数据分析等操作，这些操作需要学生之间进行

协作和合作。通过这些操作,学生可以学会如何与他人合作,如何沟通和协调,从而提高团队合作和协作能力。

体验式学习可以提高学生的实际操作和实践能力。在环境学课程中,学生需要掌握许多实际操作和实践技能,例如,如何进行水质检测、如何进行环境监测等。通过实践和操作,学生可以更加深入地理解这些技能,从而提高实际操作和实践能力。

体验式学习可以促进学生的自主学习和自我探索能力。在环境学课程中,学生可以通过实践和操作来探索和发现新的知识和技能,从而促进自主学习和自我探索能力。此外,体验式学习还可以激发学生的自我激励和自我管理能力,让他们更加积极地参与学习过程。

体验式学习在环境学课程中可以带来许多优势,包括提高学生的学习兴趣和参与度、促进学生的团队合作和协作能力、提高学生的实际操作和实践能力、促进学生的自主学习和自我探索能力等。因此,在环境学课程中应用体验式学习理念是非常有益的。

三、体验式学习在环境学课程教学中的应用

(一)基于体验式学习方法的环境微生物教学革新如何展开

鉴于当前环境微生物教学涵盖内容广泛且部分知识点较为抽象,导致学生学习热情不高,进而影响了教学效果。针对此现状,本节将从以下三个方面详细阐述如何运用体验式学习方法进行环境微生物教学的创新改革。

(1)前期教学模式转换,以学为中心

在当前环境微生物教学革新的关键阶段,教师观念的转变至关重要。传统教学模式中,教师往往侧重于知识点的灌输,而忽视了学生的理解能力和思维能力的培养。因此,必须实现从以“教”为中心的传统模式向以“学”为中心的现代模式的转变。在新的教学模式下,教师应注重学生的思维训练,鼓励他们自主探究,如针对落叶分解和微生物演替等议题进行阐释。同时,为提升教学效果,教师需要积极探索并应用现代化教育技术手段。例如,针对环境微生物学中难以描述或展现的微生物形态,可通过现代技术实现动态化展示,帮助学生更直观、清晰地理解微生物分类,深化对各知识点的掌握。通过这些措施可以有效推进环境微生物教学的革

新与发展。

（2）中期打造实践平台，培养实践能力

在教学环境微生物的过程中，除了传授理论知识，实践能力的培养同样重要。教师需着重关注学生如何将所学应用于实际。为达到体验式学习的目的，教师可以结合校内与校外实践教育平台，丰富教学内容，如增设综合设计实验和研究创新实验。这样，学生在掌握基础理论后，能进一步提升知识运用和实践技能。针对当前环境微生物研究，教师可为学生布置任务，引导他们制定实施计划，并鼓励以小组形式展示成果。其他同学和教师共同参与讲评，对方案给予积极反馈。在教师的指导下，学生进一步明确任务方案，并在学校支持下按计划进行实践操作，从而提升问题分析和解决能力。

（3）后期细化考核标准，提高教学质量

在当前教学创新阶段，部分学生表现出较低的学习积极性。这可能是由于任务难度较大或学生自身能力有限等多种因素导致的。为确保体验式教学的质量不受影响，并激励学生更积极地参与研究性任务，教师有必要重新制定并细化学生的考核标准。

在重新制定的考核标准中，教师应充分考虑到学生的实际付出。许多学生在完成任务过程中可能付出了大量努力，尽管最终结果可能不尽如人意。因此，教师在考核时应进行全面、细致的评估，以综合分析学生的表现。这样做不仅有助于激励学生更积极地投入到研究过程中，还能有效提升学生的主动性，从而推动体验式教学的高效开展。

（二）改革与创新在学生考核方法中的体现

与国内的考核体系相比，英国等欧洲国家的考试方法显得更为多样与灵活，涵盖了报告、日常作业、项目以及笔试测验等多种形式。而在美国的大学中，还创新性地引入了学生参与命题和小组考试等方式，充分展现了西方大学教育的创新精神。各种考试形式都有其独特之处，单纯地否定或照搬都是不可取的。相反，应当合理借鉴并改革，以构建适合中国教育的教学体系。

从国内同类院校的实际情况出发，在不同的实践教学课堂中，应增加学生的参与比重。这意味着要有针对性地借鉴国外知名高校的先进方法，并结合国内的专业特点和实际情况进行大胆改革。这样的改革旨在提高学生的创新能力和发展水平。

现有的专业课教学考试主要包括选择题、填空题、计算题和简答题等类型。虽然这些题目在难易程度和知识覆盖方面做得很好,但它们主要侧重于考查学生对知识的掌握程度,而忽视了对学习能力的培养。这在一定程度上限制了学生的创新思维和个性的表达。

因此,我们在微生物学考试的命题环节进行了改革创新,推出了"综合任务"这一新模式。例如,在一次期末考试中,有一道题目要求学生根据所学知识,分析具有强大降解能力的微生物在环境污染处理中的应用。题目涵盖了多个方面,包括生物降解的基本条件、微生物的降解能力、影响因素以及提高微生物降解能力的方法等。这样的题目不仅要求学生掌握相关知识,还要求他们能够对问题进行深入分析,形成自己的见解。

此外,在实践教学环节也进行了改革尝试。通过让学生操作和分析实验数据,教师鼓励他们根据自身特长进行小组讨论和学习,以达到对实验结果的正确认识和对实验条件的客观分析。这种体验式的教学方式有助于培养学生的独立思考能力和创造力,也有助于他们建立正确的价值取向。

第三章　数字化转型背景下环境学课程教学模式创新

在数字化转型的大背景下，环境学课程教学模式正经历着前所未有的创新。这种创新主要体现在教学方式的多样化和个性化，以及教学资源的数字化和共享化。借助先进的数字技术，环境学课程不再是单一的课堂教学，而是实现了线上线下的深度融合。教师可以利用网络平台进行远程授课，学生可以随时随地进行学习，大大提升了学习的灵活性和自主性。同时，通过引入虚拟现实、增强现实等先进技术，使得复杂的环境现象和过程得以直观展示，增强学生的学习兴趣和理解能力。此外，数字化教学模式还促进了师生之间的深度互动，教师可以通过数据分析精准把握学生的学习状况，提供个性化的学习指导和反馈，进一步提升教学效果。

第一节　基于微课的环境学课程教学

基于微课的环境学课程教学充分利用了数字化技术的优势，将环境学的核心知识点以短小精悍的微课形式呈现，便于学生随时随地进行学习。这种教学模式不仅提高了教学效率，还关注学习体验的个性化，通过丰富多样的互动方式激发学生的学习兴趣，帮助他们深入理解和掌握环境学的理论知识与实践技能。

一、基于微课的环境学课程教学

微课导学模式作为一种新型的教学模式,不仅为师生提供了丰富的学习资源和教学工具,还为学校的教育教学模式改革提供了新的思路和方法。通过微课的引导与辅助,学生能够更加深入地理解知识,掌握学习技巧,进而实现教学效果的优化。因此,这种教学方式对于提升教学质量、促进教学改革具有重要意义。

(一)微课导学概述

微课,它是互联网时代孕育出的一种创新课程形式,其核心载体为时长约 10 分钟的教学视频,通过这一形式,教师可以快速而有效地传授知识。微课的紧凑性使其能够迅速吸引学生的注意力,有助于学生更快速、更深入地理解知识点。此外,微课的学习地点灵活多变,适应了现代学习的多元化需求。与传统的被动学习不同,微课鼓励学生进行自主学习,让他们在选择学习内容和地点上拥有更多的自主权。

导学,其精髓在于"导"字,这一理念强调教师在教学过程中的引领和指导作用。它并非简单的知识灌输,而是根据学生的个性特点和学习需求,运用科学的教学理论和方法,引导学生主动思考、积极探索。

在导学的实践中,教师需要首先深入了解学生,包括他们的学习基础、兴趣爱好、思维特点等,以便为每个学生提供量身定制的学习方案。同时,教师还需要熟悉并掌握各种教学理论,如认知心理学、建构主义等,以便将这些理论灵活运用于实际教学中,引导学生逐步深入问题的本质。

导学的核心在于激发学生的主动性。通过教师的引导,学生可以学会独立思考、分析问题、解决问题,从而提升自我学习能力和综合素质。在导学过程中,教师还可以利用多种教学手段和资源,如案例分析、小组讨论、在线资源等,以丰富多样的形式激发学生的学习兴趣和积极性。

(二)环境学基础课程教学中存在的现状问题

由于教学内容涵盖面广泛,从基本概念到组织方式再到设计方法,学生在课堂上需要接收大量信息。这种信息过载往往导致学生难以充分消化和理解每一个知识点，从而影响了他们对基础知识的牢固掌握。这种情况进一步导致学生在后续学习中难以将基础构成课程的设计方法有效地应用到专业课程中，进而限制了他们设计能力的提升，使得教学的整体效果不尽如人意。

教学时长的限制也是一个不容忽视的问题。环境学作为基础学科，其内容丰富且深奥，彼此之间存在复杂的内在联系，然而，由于课时的限制，教师往往难以在有限的课堂时间内将所有知识点详尽地传授给学生。这导致教师在选择教学内容时不得不有所取舍，有时甚至可能跳过一些看似非重点但实则重要的知识点。这种取舍无疑增加了学生的学习难度，也影响了他们对知识的全面理解和掌握。

课堂主体的不当定位也是一个需要关注的问题。在当前的教学中，教师往往占据主导地位，而学生则处于被动接受的地位。这种教学方式容易使学生养成被动的学习习惯，缺乏主动性和创造性，从而影响了他们对知识的深入理解和应用。

此外，教学方式单一也是当前基础构成课程教学中存在的一个问题。传统的教学方式往往以教材为中心，虽然现代教材已经尽可能地做到了图文并茂，但仍然存在过于平面化的问题，难以充分激发学生的学习兴趣和积极性。同时，由于课堂条件的限制，教师往往只能采用单一的讲授方式，缺乏多样化和互动性，这也降低了学生的学习效果。

二、微课导学在环境学课程教学中的优势

在环境学课程教学中，微课设计凸显了四大显著优势。

（1）微课内容精练且重点突出。教师依据人才培养方案和教学大纲，结合学生的认知特点，精准构建核心知识点。微课的“简”和“精”特点，使得每个微课视频都聚焦于单一知识点，减少了复合性和复杂性的内容。通过图文结合的讲解方式，微课有效帮助学生迅速把握关键知识点，轻松理解其内涵。对于非重点知识，教师可以在学生理解视频内容后进行补充讲解，这样既拓展了学生的知识面，又加深了对重点知识的理解和巩固。

（2）微课有效节省了课时。由于微课内容精练且逻辑清晰，学生可以根据自己的理解程度和自测题答题情况，进行有针对性的回看学习。这种高效的学习方式，使学生能够在更短的时间内掌握三大构成的知识，从而缩短了传统课堂的教学时间，这为教师安排更多的教学实践提供了可能，使得整个教学体系更加完整。同时，微课导学视频虽然占用了一定

课时，但学生可以根据自己的时间安排进行学习，不会增加课时负担。

（3）微课丰富了教学方式。借助现代技术条件，教师在制作微课时可以灵活运用PPT、视频、提问等多种方式，使教学内容更加生动、直观。相较于传统课堂的单一教学方式，微课的动态和视觉内容更能吸引学生的注意力，提高学生的学习兴趣和效率。

（4）微课导学模式凸显了学生的主体地位。在这一模式下，学生成为学习的主导者，教师则转变为辅助者和引导者。这为学生充分发挥主观能动性提供了平台，有助于培养他们的自主学习能力。

三、微课导学在环境学课程中的教学设计

（1）课前自学阶段。首先，教师录制教学微视频。在课前，教师根据环境学教材的核心内容，对知识点进行系统归纳和梳理，筛选出关键知识点进行微课设计。整体设计思路注重连贯性与逻辑性，从环境学的基本概念入手，逐步深入到环境问题的成因、影响及解决策略等。微课内容力求特色鲜明，从学生熟悉的日常生活场景或热门环境话题切入，结合图文并茂的讲解，适当插入环境变迁的历史片段或前沿研究视频，使内容更加生动、丰富。

（2）课中学习阶段。教师首先根据学生观看微课视频的数据和自测题完成情况，总结出学生普遍存在的疑惑和难点。例如，学生对于环境污染的成因和治理措施可能存在理解上的偏差或困惑。针对这些问题，教师将组织线下课堂讨论，引导学生深入探究环境学的核心问题。在讨论过程中，教师需把控好节奏，确保授课内容的系统性和连贯性，同时运用案例教学、小组讨论等教学策略，提高课堂互动性和教学效果。在个性化指导阶段，教师将根据每个小组的讨论情况和学生的实践练习反馈，进行一对一的指导。对于学生在实践操作中遇到的问题，教师将给予具体的建议和解决方案，实现因材施教。学生将通过自主实践探究完成作品创作，并在课堂上进行成果展示，这不仅可以检验学生的学习效果，还能促进学生之间的学习交流和相互启发。

（3）课后深化阶段。课后深化阶段主要是拓展创新阶段。教师将在网络平台发布与环境学相关的拓展性知识话题或讨论，引导学生将所学知识与实际环境问题相结合，进行深入思考和探讨。通过这一过程，学生不仅能够加深对环境学知识的理解，还能提高分析问题和解决问题的能力。

微课作为一种新型的教学方式，可以根据知识点的不同进行分类，如基础型、重难点型和补充自学型等。通过将这些微课与课堂教学相结合，我们可以有效解决学时不足、重难点不突出等问题，让学生在反复学习中加深对知识点的理解和记忆。以环境科学专业“水污染控制工程”微课教学实践为例，“水污染控制工程”是一门兼具深度与广度的课程，既包含丰富的理论知识，又强调实践操作的重要性。然而，在有限的学时内，如何高效地传授大量的教学内容，成为摆在我们面前的一大挑战。因此，针对这门课程进行教学改革，显得尤为必要和迫切。针对环境科学专业的特点，我们在教学中应更加注重基础理论和技术方法的传授，同时，对于设计计算、工程实践和应用进展等扩展知识，则可以有选择地进行补充。为了更好地实现这一目标，我们可以将微课引入教学中，与线下课堂教学相结合，形成优势互补。

第二节　基于慕课的环境学课程教学

自2008年慕课的概念首次提出以来，其大规模、开放性和随时随地在线学习的特点便迅速引起了全球范围内的关注。Coursera、Udacity和EdX三大慕课平台，凭借丰富的在线课程资源和突破时空限制的优势，为全球学习者提供了前所未有的学习机会。慕课的出现，无疑给现代教育带来了全新的理念。与传统教学相比，慕课不仅更加灵活、开放，还能够满足学习者的个性化需求，促进教育资源的公平分配。随着慕课在中国的兴起，越来越多的高校加入到这一行列中，积极建设在线开放课程，推动教育教学的创新与发展。

一、慕课教学概述

慕课，作为大规模开放式网络在线课程的代表，正以其独特的设计理念引领着现代教育模式的革新。它将教学设计者、教学实施者、教学资源以及受教育者紧密地联结在一起，通过网络技术构建了一个开放、互动、高效的学习平台。

（一）慕课的内涵

慕课，自 2012 年起，迅速席卷全球，成为教育领域的一股新兴力量。从美国的 Coursera、EdX 和 Udicity，到全球众多知名大学的加盟，慕课不仅推动了教育资源的共享，更引领了教育模式的革新。那么，慕课究竟有何内涵？它又是如何影响我们的教育生态的？

（1）从课程形态来看，慕课是一种大规模线上虚拟开放课程。它打破了传统课堂的界限，将全球的教授者和学习者通过网络紧密连接。这种新型的课程形态不仅丰富了教学资源，还拓宽了学习者的学习途径，使得优质教育资源得以在全球范围内共享。

（2）慕课在教育模式上也带来了深刻的变革。通过开放教育资源与服务，慕课实现了教学过程的全面网络化。它不再局限于传统的面授式教学，而是将学习者与全球范围内的同行联系起来，共同学习、探讨和进步。这种新型的教育模式不仅提高了教学的效率，还激发了学习者的主动性和创造性。

（3）慕课在知识创新方面也具有显著优势。它引导学习者主动地、创造性地摄取和重组适合自己的信息资源，通过自主探究和与教授者的对话，激发自身在知识点上的灵感并迸发新的认知。慕课为学习者提供了一个全球性的知识交流平台，使得知识的传播和创新更加便捷和高效。

慕课的出现并不意味着传统面授教学方式的消亡，相反，两者各有优势，可以相互补充。传统面授教学具有教师讲授知识容量大、帮助学生理解知识点、课堂内容无法重复和再现等特点；而学生集中精力学习，效率高、效果好；下课后，学生可以与教师进行面对面的交流，及时解决问题。因此，在未来的教育中，慕课和传统面授教学应相互融合，共同构建一个更加多元化、个性化的学习环境。

慕课的核心在于其开放性、大规模性和交互性。开放性意味着任何有志于学习的人都可以参与进来，不受地域、时间、年龄等限制；大规模性则体现在参与者众多，一门慕课往往能吸引成千上万的学习者；而交互性则体现在慕课平台上的各种学习活动，如讲课、短视频、作业练习、论坛讨论、测验考试等，这些要素相互交织，形成了一个完整的学习生态系统。

在慕课的建设过程中，宏观层面上的顶层设计、系统谋划、分步实施和注重实效至关重要。这要求我们对慕课的发展有清晰的认识和规划，确保慕课的建设能够有序、高效地进行。同时,我们还要关注慕课的实际效果,不断优化和完善教学内容和方式,以满足学习者的需求。

在微观层面上,慕课的建设同样需要注重课程目标、内容、方法和评价等课程基本要素。课程目标的设定应明确、具体,能够引导学习者有针对性地学习;课程内容的选择应丰富、实用,能够涵盖该领域的核心知识和技能;教学方法的运用应灵活多样,能够激发学习者的学习兴趣和积极性;而课程评价则应公正、客观,能够真实反映学习者的学习成果和水平。

利用慕课形式开展教学,使得教育资源的分配更加公平和高效,让更多人有机会接受优质的教育资源。同时,慕课也促进了学习方式的变革,使学习者能够根据自己的需求和兴趣进行自主学习和探究。

(二)慕课教学模式的兴起

慕课,作为一种新兴的在线课程开发模式,为教育领域带来了革命性的变化。慕课不仅打破了传统教育的时空限制,使得学习变得更加灵活和便捷,而且通过聚集优质教育资源,为广大学习者提供了更加广阔的学习平台和机会。然而,慕课的出现也给地方高校的传统课堂教学带来了不小的冲击。目前,许多慕课都是由名校提供的精品课程,这些课程在教学质量、师资力量、学术水平等方面往往具有较高的水准。相比之下,地方高校在这些方面可能存在一定的差距,导致学习者在进行网络课程学习时,会对地方高校的教学质量产生怀疑。这种质疑和口碑的传播,对于地方高校来说无疑是一种巨大的压力。在招生方面,地方高校可能会面临更大的挑战,因为优质生源往往更倾向于选择名校的慕课或其他优质在线课程。这样一来,地方高校在吸引优质生源方面的竞争力可能会减弱,进一步拉大与名校之间的差距。

此外,慕课的兴起也可能导致教育资源的分配使用更加不合理。一方面,名校的慕课吸引了大量学习者,使得其教育资源得到了更加充分的利用;另一方面,地方高校由于吸引力减弱,其教育资源可能无法得到充分利用,造成资源浪费。这种教育资源分配的不平衡,既不利于地方高校的发展,也不符合教育公平的原则。

因此,地方高校在面对慕课的冲击时,应积极采取措施应对。一方面,地方高校可以加强自身的教学改革和课程建设,提高教学质量和学术水平,以缩小与名校之间的差距;另一方面,地方高校也可以积极与慕课平台合作，引入优质慕课资源，为学生提供更加丰富的学习选择。同时，政府和社会各界也应关注地方高校的发展，为其提供更多的支持和帮助，促进教育资源的均衡分配和教育的公平发展。

（三）慕课教学模式的特点

慕课，作为一种大规模、开放式的在线教学模式，正以其独特的优势逐渐改变着传统工程理论教学的面貌。它通过互联网渠道，为广大学生提供了由名校开发的优质课程资源，使得学习不再受地域和时间的限制，为工程教育注入了新的活力。将慕课引入传统课堂，可以互相取长补短，提高教师的授课质量。教师可以通过慕课平台获取更多的教学资源和教学方法，丰富自己的教学内容和形式，同时，也可以借助慕课平台的数据分析功能，更好地了解学生的学习情况，进行针对性的指导和帮助。

（1）慕课课程实现了教学手段的富媒体化。在信息化、数字化浪潮的推动下，富媒体技术为教育行业带来了革命性的变革。慕课作为富媒体技术在教育领域的典型应用，不仅集成了文字、图片、音频、视频等多种媒介形式，还提供了交互式的学习体验，使教学内容更加生动、形象、直观。这种富媒体化的教学手段，不仅丰富了教学内容的表现形式，还提高了学生的学习兴趣和参与度，使学习变得更加轻松、有趣。

（2）慕课课程实现了知识的单元化。与传统课堂的教学模式不同，慕课课程将课程内容进行模块化划分，每个模块都围绕一个特定的知识点或主题展开，形成独立而完整的知识单元。这种知识单元化的设计，使得学生可以根据自己的学习进度和兴趣，选择性地学习某个知识单元，实现了学习的个性化和自主化。同时，知识单元化也支持了学生的碎片化学习，让学生在零碎时间中也能有效地获取和学习知识。

（3）慕课课程实现了学习模式的再造。传统课堂教学往往以教师的“教”为中心，学生处于被动接受知识的状态。而慕课课程的出现，打破了这种固有的学习模式，形成了“课前学习—课堂交流答疑—课堂总结深化—课后复习—课前学习”的循环流程。在这一流程中，学生成为学习的主体，他们通过课前自主学习，对课程内容有了初步的了解和认识；在课堂上，通过与教师和同学的交流互动，深化对知识的理解和应用；课后复习则是对所学知识的巩固和拓展。这种学习模式的再造，不仅提高了学生的学习效率和学习质量，还培养了学生的自主学习能力和创新精神。

（4）慕课课程的出现也满足了学生追求自主和创新学习的需求。在慕课平台上，学生可以自由选择自己感兴趣的课程和学习资源，根据自己的学习进度和节奏进行学习。这种自主性和灵活性是传统课堂无法比拟的。同时，慕课课程还鼓励学生进行创新思维和实践探索，通过解决实际问题来深化对知识的理解和应用。这种以解决问题为导向的学习方式，有助于培养学生的实践能力和创新精神。

（四）慕课带给地方高校更多的启示

慕课以其独特的互动性和非结构化的课程内容优势，为地方高校的传统授课方式改革提供了强大的推动力。面对这一新兴的教育模式，地方高校需要深入思考如何利用互联网将固定的课堂延伸到移动的课堂，以满足学生日益多样化的学习需求。

开展移动课堂不仅是顺应时代发展的必然选择，更是对传统教学方式的创新。教育水平的提升离不开教学水平的提高，而教学课堂的科学化、时代化、智能化则是今后教学工作中需要重点关注的方向。通过慕课平台，地方高校可以打破时间和空间的限制，为学生提供更加灵活、便捷的学习方式，从而提升教学质量和学习效果。

同时，慕课的广泛兴起也为地方高校教师提供了宝贵的学习资源和参照对象。教师可以通过学习和借鉴其他学科、学校的慕课，激发创新灵感，拓宽教学视野，为教学改革提供更多新的思路。此外，慕课还能帮助教师及时学习新的教学理念和方法，提升自身的教学水平与质量，更好地完成教学目标，实现因材施教。

当前，我们正处于信息化时代的大潮中，互联网 + 教育的理念已深入人心。校园信息化建设的不断推进，使得教学资源的获取和教学方式的选择更加便捷和多样。然而，单纯的课堂教学往往受限于时间和空间的限制，难以充分满足学生的个性化学习需求。因此，如何利用科学的教学手段，培养适应社会发展需求的多样化人才，成为教育工作者面临的重要课题。

慕课作为互联网 + 教育的典型代表，以其开放、共享、协作的特点，为教学改革提供了新的动力。通过慕课平台，我们可以将优质的教学资源进行整合和共享，打破传统教学的时空限制，让学生随时随地都能进行学习。同时，慕课平台还提供了丰富的互动功能，鼓励学生之间、师生之间进行交流和讨论，激发学生的学习兴趣和主动性。

（五）慕课教学的反思和建议

（1）教师要不断学习，更新教育理念。慕课教学作为现代教育技术的一种形式，与传统教学之间存在着紧密的联系。

慕课教学并非传统教学的替代品，而是对其的重要补充和延伸。慕课教学通过在线平台，为学生提供了更加灵活、便捷的学习方式，使得学习不再受限于课堂的时间和空间。然而，传统教学中的面对面交流、实时互动以及教师的个性化指导等优势，仍然是慕课教学所无法完全替代的。

慕课教学的核心并非简单地录制课堂内容并上传至网络。真正的慕课教学应该是经过精心设计的富媒体资源，包括高质量的慕课视频、习题、学习资料等，以满足学生的多样化学习需求。如果仅仅是将传统课堂内容录制并上传，那么这样的慕课教学并未真正发挥其应有的价值。

在慕课运行的实践中，我们也发现了一些课程对慕课的理解还存在差距。有些课程可能过于注重形式而忽略了内容的质量，或者缺乏对学生学习体验的考虑。因此，我们需要进一步改正和完善这些课程，甚至有时需要推倒重来，以确保慕课教学的质量和效果。

为了提升慕课教学的质量，教师需要深入理解慕课制作的各个环节，包括课程设计、视频录制、互动模式等。同时，教师还需要关注学生的学习需求和学习体验，不断优化教学内容和方式，以提供更加丰富、有趣、有效的慕课教学。

（2）线上线下混合教学模式。线上教学通过慕课平台，为学生提供了丰富的学习资源和便捷的学习方式。学生可以随时随地进行学习，自主掌握学习进度，并通过线上作业、章节测验和线上考试等方式检验自己的学习成果。同时，线上教学也充分调动了学生的主观能动性，鼓励他们主动发现问题、思考问题，为线下见面课的教学打下了良好的基础。

线下见面课则以专题报告、师生互动和答疑解惑为主，通过面对面的交流，拉近了师生之间的距离，增强了教学效果。在线下课程中，教师针对线上教学中出现的问题进行解答和讲解，同时拓展学生的知识面和思维，帮助他们更好地理解和掌握知识。

在慕课线上教学评价方面，客观题和主观题的设置需要根据课程性质和学生对象进行调整。对于通识课程，客观题的比例可以适当提高，以检验学生对基础知识的掌握程度；而对于专业课程，则需要适当增加主观题的比例,以考查学生的分析和解决问题的能力。

(3)学分认证突破高校院墙。慕课学习确实除了结业证书外,学分认证问题是学生们非常关心的。学分认证对于学生来说,不仅是对学习成果的认可,更能在一定程度上反映其学术能力和水平,对未来的升学和就业都具有重要意义。

优课在线平台与地方170多所高校签订了学分互认的协议,这是一个非常积极的举措。它意味着学生在优课在线平台上完成的学习可以得到这些高校的认可,转化为相应的学分。这对于学生来说,无疑是一个很大的激励,可以促使他们更加积极地参与到慕课学习中来。

同时,中国大学慕课、学堂在线等平台也提供了学分认证服务。这些平台上的课程往往由知名高校或专家教授授课,课程内容丰富、质量高,得到了广大学生和社会各界的认可。学生在这些平台上完成学习后,同样可以获得学分认证,这对于他们的学术发展和职业规划都是非常有帮助的。

教育部从2015年开始推动高校学分的认证工作,它有助于打破高校之间的壁垒,促进优质教育资源的共享和流通。随着学分认证制度的不断完善和普及,相信未来会有更多的学生能够突破空间的限制,享受到全国的优质教育资源。

二、环境学教学的现状及现阶段的问题

环境专业作为工程应用性极强的专业,其理论教学与实践的紧密结合显得尤为重要。在当前的社会背景下,教师应以社会需求为导向,深入探索与工程实践相结合的教学模式。在制订人才培养方案时,不仅要考虑当地或学校的特色,更要构建以大环境为导向的综合型工程人才培养体系。然而,理论教学的挑战也不容忽视,特别是在偏远地区,由于场地、设备及资源的限制,很多先进的教学内容,如污水处理工艺、环保设备、各种反应器的运行等,难以通过传统的课堂教学方式让学生充分理解和掌握。学生缺乏实践经验,导致理论知识难以内化为实际操作能力,这成为课堂教学中的瓶颈。

环境生物学作为一门综合性学科,其内容与其他环境科学相关课程存在交叉重叠的情况。为避免重复,删除或淡化与其他学科重复的内容,更有效地利用教学资源,同时也使学生能更集中地学习和掌握环境生物学的核心内容。在教学内容的安排上,引入学科前沿理论与技术成果至关重要。这不仅有助于拓宽学生的视野,激发其探索与思考的兴趣,更能

使学生了解环境生物学的最新研究动态，从而为其未来的学术或职业生涯奠定坚实的基础。同时，结合公众关注的现实问题以及教师科研案例进行教学，更能使学生感受到环境生物学的实际应用价值，从而增强其学习的动力和热情。

在教学方式上，加强师生互动，形成以学生为主体、教师为主导的教学方式，有助于营造活跃的课堂氛围，激发学生的学习热情。通过设问、启发、引导等方法，可以引导学生主动思考、积极探讨，从而培养其创新思维和解决问题的能力。

在实验教学方面，打破过去的固定模式，采用多种实验方式，并结合慕课大容量、灵活设置实验项目的特点，有助于使学生在有限的时间内更广泛地了解和接触环境生物学的研究方法和内容。

慕课以其大规模、开放性、在线学习和在线视频的特点，为环境工程专业的理论教学提供了丰富的资源和灵活的学习方式。通过慕课，学生可以随时随地接触到最新的工程理论知识和实践案例，弥补传统教学中实践经验的不足。同时，慕课也对教师能力提出了更高的要求。教师不仅需要掌握深厚的工程理论知识和实践经验，还需要具备良好的信息化教学能力，能够制作出高质量的慕课资源，并引导学生有效地进行在线学习。此外，教师还需要关注行业发展动态和国家政策导向，不断更新和优化教学内容，确保教学的时效性和实用性。

因此，在慕课环境下进行环境工程专业的理论教学，我们应积极探索和实践新型的教学模式和方法，充分发挥慕课的优势，提高教学效果和质量。同时，我们还应加强教师培训和资源建设，提升教师的信息化教学能力和专业素养，为培养适应行业发展需求的高素质工程人才奠定坚实基础。

三、慕课在环境学课程教学中的应用

（一）慕课协同教学在环境化学中的应用

传统课堂中的实时反馈、师生间的深入交流以及学生间的全面讨论等特性，仍是慕课所欠缺的。因此，将慕课与课堂教学有机结合，探索新型教学模式，成为当前教育领域的重要课题。在“环境化学”课程中引入慕课—课堂协同教学模式，可以充分发挥慕课资源的优势，为学生提供更加丰富的学习材料和学习路径。同时,结合传统课堂的实时反馈、深入交流和全面讨论等特点,可以进一步提升学生的学习效果和兴趣。这种新型教学模式的应用,不仅有助于提高学生的专业素养和综合能力,还可以为高等教育教学改革提供有益的借鉴和参考。

在未来的教学实践中,我们将继续深化对慕课—课堂协同教学模式的探索和研究,不断完善和优化教学模式,以适应时代发展的需要和人才培养的要求。同时,也将积极推广这种新型教学模式,为更多高校和专业的教学改革提供借鉴和启示。

要充分利用慕课资源的优势,让学生在课前自主预习,为课堂讨论和深入学习打下基础。同时,在课堂上,采用多种教学方法,如研究式、案例式、研讨式和互动式等,以激发学生的学习兴趣,提高课程教学质量和效果。

此外,我们还引入了"翻转课堂"的教学模式。学生在课前通过慕课资源自主学习,掌握基本知识和技能;在课堂上,教师则根据学生的预习情况开展针对性的教学活动,帮助学生深入理解和运用所学知识。这种以学生为主体的教学模式,不仅提高了学生的学习效果,还培养了他们的自主学习和问题解决能力。

在实施过程中,注重考核方式的多样化。除了传统的闭卷考试外,还增加了小组讨论、课程答辩等考核方式,以全面评价学生的学习成果。同时,定期组织学生进行讨论,通过分组讨论课的形式,让他们就课程单元内容进行深入探讨和交流,从而加深对知识点的理解和把握。

通过这一系列的教学改革和创新,成功地提高了"环境化学"课程的教学质量和效果。学生的学习兴趣得到了激发,自主学习能力得到了提升,问题解决能力和创新能力也得到了培养。未来,我们将继续深化对慕课与课堂协同教学模式的探索和研究,为环境类专业核心课程的教学改革提供有益的借鉴和启示。

(二)慕课在环境工程理论教学中的应用

慕课,这种大规模开放在线课程,自2008年斯蒂芬·道恩斯和乔治·西门子首次提出以来,已经迅速席卷全球,成为教育领域的一股新兴力量。它的出现,不仅让教育资源得以跨越地域的限制,实现更广泛的传播,更对传统教育模式产生了深远的影响。在工程理论教学中,慕课同样展现出了巨大的潜力和价值。

在传统的工程理论教学中,由于课堂时间的限制和师生比例的失衡,教师往往难以对每一个学生进行个性化的指导和教学。此外,教学内容往往局限于书本知识,缺乏与实际工程问题的紧密结合,导致学生难以将所学理论知识应用到实践中去。慕课的出现,为解决这些问题提供了新的思路。

慕课的大规模和开放性,使得工程理论教学可以容纳更多的学习者,同时打破地域限制,让更多人有机会接触到优质的工程教育资源。在线学习的方式,让学生可以根据自己的节奏和需求进行学习,提高学习的灵活性和自主性。更重要的是,慕课利用在线视频等多媒体手段,可以生动直观地展示工程理论的原理和应用,使得学习内容更加丰富和生动。

然而,慕课环境下的工程理论教学也对教师能力提出了新的要求。首先,教师需要具备丰富的工程理论知识和实践经验,能够为学生提供全面、深入的课程内容。其次,教师需要掌握信息化技术,能够利用网络平台制作和发布优质的慕课资源。此外,教师还需要具备良好的沟通能力和教学组织能力,能够引导学生积极参与在线讨论和交流,形成良好的学习氛围。

在工程理论教学中应用慕课,不仅可以丰富教学内容和形式,还可以提高教学效果和质量。例如,教师可以利用慕课资源进行课前预习和课后复习,帮助学生巩固所学知识;同时,通过在线测试和作业评估等方式,教师可以及时了解学生的学习情况,进行针对性的指导和反馈。① 此外,慕课还可以为学生提供更多的实践机会,如虚拟实验、案例分析等,帮助学生将理论知识与实践相结合,提高解决实际问题的能力。

（三）慕课在环境规划与管理中的应用

这里以“环境规划与管理”课程为例,详细阐述慕课与翻转课堂模式的实施过程。通过引入慕课资源,结合翻转课堂的教学方式,我们成功构建了一种新型的教学模式,有效提升了学生的学习兴趣和参与度,取得了显著的教学效果。这一实践案例为高校本科环境类学科的构建提供了有益的参考和借鉴。

（1）教学内容陈旧。目前,《环境规划与管理》教材是 2007 年出版的,尽管市场上存在众多不同版本的教材,但即便是最新出版的教材,也难以完全满足当前环境科学领域日新月异的发展需求。这使得老师在教学过程中难以确保内容的时效性,尤其在一些偏远地区,这种情况更为突

① 杨金民.运用多媒体技术 实现个性化教学[J].青年教师学报，2007(4):1.

出。我们仍然沿用着旧有的教学标准和模式，导致学生们难以接触到最前沿的理论和知识。然而，如果完全脱离教材或与其内容产生冲突，学生们又会感到难以把握课程的核心要点和难点。因此，如何在保证教学内容前沿性的同时，又能让学生易于理解和把握，成为我们当前亟待解决的问题。

（2）教学实践缺乏。“环境规划与管理”这门课程的理论内容相当丰富，涵盖了环境管理学、环境法、环境监测、生物学、化学等多个学科的交叉知识。然而，正因为内容繁多且深奥，许多知识点在课堂上仅凭图片和文字解释难以让学生真正理解透彻。实地考察和结合实际案例的分析对于深化理论知识的理解和应用至关重要，但现实中，单纯依赖开放性的教学内容往往存在局限性，网络资源虽然丰富但真假难辨，这使得学生在学习过程中容易感到迷茫，对课程内容的理解只能停留在表面，难以深入。这样的情况导致学生很难将课程中所学的知识真正融入未来的工作中，从而影响了他们在实际工作中的表现和应用能力。

（3）教学方式单一。课堂上主要依赖于教师的单纯讲授，导致学生缺乏充分的课堂参与和独立思考的机会。这种教学模式在一定程度上限制了学生的思维发展，使他们往往局限于既定的框架内，缺乏积极探索和发现新问题的动力。长此以往，学生的主动创新能力也会受到严重影响，难以适应未来社会对于环境规划与管理领域人才的需求。

（4）受众群体狭小。当前，大学课程的受众群体相对有限，主要局限于特定班级的学生。然而，在校园里，不乏对环境规划与管理领域抱有浓厚兴趣的非专业学生。由于时间、经济等多重因素的限制，他们往往无法亲自参与课堂学习，这无疑是对他们求知欲的一种束缚。

近年来，许多学校开始尝试采用翻转课堂等新兴教学模式，如北大等高校已经取得了显著的成效。慕课的兴起更是为教育领域带来了全新的思路和模式。结合多年的“环境规划与管理”课程讲授经验以及环境评价实践，著者积极探索并构建了“慕课—翻转课堂—实践”的立体教学模式。这一模式旨在解决高校“环境规划与管理”课程教学中存在的问题，为非环境专业的学生提供一个更广阔的学习平台，同时也为高校课程教学改革提供有益的参考。

在“慕课—翻转课堂—实践”教学模式中，慕课的视频制作是首要环节。任课教师需精心制作短小精悍、主题鲜明的教学视频，将原本冗长的课堂内容浓缩在二十分钟内，避免单调的旁白和字幕形式。这既是对教师基本功的考验，也是对知识掌握能力的挑战。视频制作过程中，应注重通过实物、图像等直观展示来突出教学重点。例如，在介绍环境形成与发展的内容时，可以通过短片形式展示从无机物到人类的演化过程，使抽象知识变得形象生动，加深学生印象。通过这种方式，将原本32学时的课程转化为32个知识点明确的小视频，打破传统课时概念，以知识点和重点为核心，增强课程的趣味性和专业性。

翻转课堂的建立和实施是教学模式改革的关键环节。学生在课前观看教学视频，带着问题和思考进入课堂。这种模式下，学生由被动接受变为主动探讨，成为课堂的主体。由于学生素质和视角的差异，他们能从不同角度提出问题，与教师进行互动交流。教师则扮演引导者和助教的角色，针对学生的疑问进行解答和案例分析，使课程内容更加深入和立体。

实践教学在"环境规划与管理"这类多学科交叉课程中尤为重要。单纯的课堂教学容易与实践脱节，因此，结合实践案例进行教学是必不可少的。例如，可以邀请相关领域的专家和技术人员，就周边海域的规划与管理进行实地讲解，涉及沿海功能区划、政策法规制定以及规划目标的监督管理等方面。通过实践教学，学生不仅能加深对知识点的理解，还能了解如何将所学知识应用于实际工作中，从而提高教学效果和实用性。

（四）慕课在环境监测指标检测教学中的应用

"环境监测指标检测"作为环境工程专业的核心课程，在环境监测行业中具有举足轻重的地位。随着互联网+教育的兴起，传统的课堂教学方式已难以满足学生个性化、多元化的学习需求。慕课作为一种新型的教学模式，以其时空灵活、资源丰富、互动性强等特点，为教学改革提供了新的思路和可能。

（1）慕课内容设计

"环境监测指标检测"这门课程涉及环境监测的理论知识和实践技能，对于培养环境工程专业学生的专业素养和实践能力具有重要意义。然而，传统的课堂教学方式往往注重理论知识的灌输，而忽视了实践技能的培养和学生个性化需求的满足。因此，我们尝试将这门课程以慕课形式进行呈现，并根据行业实际需求对课程内容进行重组设计，以满足不同学习者的多元需求。

在慕课建设过程中，注重课程内容的系统性和实用性，结合环境监测行业的最新发展和实际需求，对课程内容进行精选和优化。同时，还可以充分利用慕课平台的互动功能，设计一系列的教学活动和实践项目，让学生在学习的过程中能够积极参与、主动思考、实践操作。

最终,将“环境监测指标检测”慕课应用于环境工程技术专业的实训课程中,取得了显著的效果。学生们的学习兴趣和主动性得到了提高,实践技能也得到了有效的锻炼和提升。同时,慕课的应用还促进了师生之间的交流和互动,为教学改革提供了新的思路和方向。

学校的“环境监测实训”课程体系设计得非常系统,其中“环境监测指标检测”作为重要的专业课,与职业岗位和技能培训紧密结合,体现了理论与实践的深度融合。该课程采用项目式教学,这种贴近实际工作的教学模式有助于提高学生的实践能力和职业素养。然而,在实训过程中遇到的教学资源有限、学生学习效率差异等问题,确实需要寻求新的解决方案。

慕课作为一种新型的在线教育模式,为解决这些问题提供了可能。慕课不仅可以突破时空限制,让每一位学生都能随时随地学习,还能通过丰富的教学资源和互动功能,提高学生的学习兴趣和效率。因此,将“环境监测指标检测”课程以慕课形式呈现,无疑是一种创新且有效的尝试。

在慕课建设过程中,我们应注重以下几点:首先,要确保课程内容与职业岗位和技能培训高度对接,体现课程的实用性和针对性;其次,要充分利用信息化教学平台和自建资源,丰富教学手段和形式,提高学生的学习体验;最后,要注重培养学生的各项能力,特别是阅读、分析的能力,合理利用资源完成项目的能力,以及运用专业知识解决问题的能力等。

通过慕课建设,可以更好地利用有限的教学资源,实现因材施教,让每一位学生都能在适合自己的节奏和方式下学习。同时,慕课还能促进翻转课堂的开展,提升教师的教学水平和学生的学习效率,进而提高环境工程技术专业的人才培养质量。

在“环境监测指标检测”课程的项目化教学改革基础上进行慕课建设,是一项富有前瞻性和创新性的工作。通过慕课平台,将课程内容进行模块化和项目化设计,能够更好地满足学生的个性化学习需求,提升学习效果。

慕课建设中的空气环境监测和水环境监测两大模块,涵盖了多个具体项目,内容丰富,结构清晰。每个项目都包括电子教材、视频、PPT、实验报告、评价表和习题等多元化教学资源,这种设计有助于学生从多个角度理解和掌握知识点,提高学习效果。

慕课平台的使用,使得学生的学习过程更加灵活和自主。课前,学生可以主动学习实验项目内容,完成预习题,梳理实验步骤,为课堂上的学习做好准备;课上,在教师的引导下,学生可以集中解决难点问题,顺利完成实验项目;课后,学生还可以进行有效的数据处理,完成测验题、实验报告和评价反思，从而巩固所学知识，提升实践能力。

此外，慕课建设还促进了教学方式的创新。通过慕课平台，教师可以更好地跟踪学生的学习进度和效果，及时调整教学策略，实现因材施教。同时，慕课平台上的互动功能也有助于师生之间、学生之间的交流与合作，形成良好的学习氛围。

（2）慕课建设过程

“环境监测指标检测”慕课作为重点慕课建设项目，其成功实施离不开高效运作的建设团队。该团队由教师团队、拍摄团队和运营团队三个关键部分组成，三者协同工作，共同确保了慕课建设的顺利进行。

教师团队作为慕课建设的核心力量，承担了模块设计、项目筛选和知识点设计等重要任务。他们精心制作电子教材，设计视频拍摄脚本，制作 PPT 和实验报告，制定考核评价表和习题，确保课程内容的科学性和系统性。同时，教师团队在课程上线后积极与学生保持沟通，及时了解学生的学习需求和反馈，以便对课程进行持续改进。课程结束后，他们还会分析相关数据，总结教学效果，为未来的课程建设提供宝贵经验。

拍摄团队在慕课建设中发挥了至关重要的作用，他们协助教师团队进行脚本设计，将知识点以微课视频形式完美呈现出来。在拍摄过程中，拍摄团队注重保持视频风格的统一，确保视频制作质量的高标准。他们的专业技术和严谨态度为慕课的视觉呈现提供了有力保障。

运营团队则是慕课建设的坚实后盾，他们负责课程上传和测试工作，确保课程能够顺利上线。在课程运行过程中，运营团队密切关注课程的运行情况，及时处理出现的技术问题，确保课程的稳定运行。同时，他们还负责收集和分析课程数据，为教师团队提供反馈和建议，帮助优化课程内容和教学方法。

通过教师团队、拍摄团队和运营团队的紧密合作，“环境监测指标检测”慕课建设项目得以高效推进。这种团队合作模式不仅提高了慕课建设的质量和效率，还为学校未来的慕课发展奠定了坚实基础。

（五）“环境监测指标检测”慕课的应用

（1）线上＋线下混合应用

“环境监测指标检测”慕课自上线以来，与环境工程技术专业的实训课程形成了有效的互补与融合，通过采用线上线下相结合的“混合式教学”模式，极大地提升了教学效果和学生的学习体验。

这种教学模式有效地解决了传统环境监测实训课程中存在的演示有效性低下和预习不充分导致的课堂时间利用率低下的问题。通过将慕课资源引入实训课程，学生可以在课前通过线上平台预习相关知识，完成预习题，为课堂学习做好充分准备。同时，教师也可以通过教学平台的统计功能，监控学生的预习情况，确保每位学生都能充分预习，提高课堂时间的利用效率。

在课堂上，教师以引导和问题解决为主，对学生的操作进行指导，帮助学生解决实训过程中遇到的问题。学生则能够摆脱低效的模仿，进一步对实训过程进行思考，从而加深记忆，强化技能。这种教学模式使学生从被动模仿转变为主动思考，提高了学习的深度和广度。

课后，学生可以通过线上平台对实验数据进行处理，完成测验题、实验报告和评价反思。对于掌握不佳的学生，他们可以通过教学平台进行复习和回顾，巩固所学知识。这种差异化的教学方式使得每位学生都能根据自己的学习进度和能力进行学习，提高了教学的针对性和有效性。

这种教学模式不仅提高了学生的学习效果，还培养了他们的自主学习能力和创新精神，为未来的环境监测人才培养奠定了坚实的基础。

（2）应用情况统计

通过两学期的实践应用，线上线下混合式教学模式在“环境监测指标检测”课程中展现出了显著的优势，不仅提高了课堂教学效率，还受到了师生的广泛好评。这一教学模式的成功实施，不仅得益于教师团队的精心设计和学生的积极参与，也离不开慕课平台的技术支持和数据分析功能。

从课程综合成绩均分来看，两个班级的学生在慕课学习后，平均成绩均有所提升，这说明慕课资源对于学生的学习效果有着积极的促进作用。同时，任务点完成率的统计数据也反映出学生对慕课内容的完成度较高，显示出他们对学习的积极态度和良好的学习习惯。

此外，互动频率作为评价慕课应用情况的重要指标之一，也呈现出较高的水平。学生在慕课平台上积极提问、参与讨论，与教师和其他同学进行互动交流，这不仅有助于解决学习中的问题，还能激发学生的学习兴趣和主动性。

（3）应用反馈

“环境监测指标检测”慕课自使用之初，就高度重视师生的使用感受与反馈意见。为了确保课程的持续优化和改进，可以采用问卷调查法和访谈法两种方式来收集宝贵的建议。

通过问卷调查法，设计出详细的问卷，其涵盖课程内容、教学方式、学习体验等多个方面，旨在全面了解师生对慕课的评价和期望。问卷发放范围广泛，覆盖了不同年级、不同专业的学生和教师，确保了反馈的多样性和代表性。通过对问卷数据的统计和分析，我们能够发现课程中的优点和不足，为后续的改进提供了有力的数据支持。

同时，还采用了访谈法，与部分师生进行了深入的交流。通过面对面的沟通，能够更加直接地了解他们的想法和感受，获取更加具体和详细的反馈。在访谈中，师生们积极表达了对慕课的看法和建议，包括课程内容的更新、教学方法的改进、学习资源的补充等方面。这些宝贵的意见为我们提供了改进的方向和思路。

通过问卷调查和访谈法的综合应用，我们收集到了大量有价值的反馈意见。这些意见不仅帮助我们了解了师生对慕课的实际需求和学习体验，还为我们提供了改进课程的具体措施和方法。在未来的工作中，我们将继续关注师生的反馈，不断优化课程内容和教学方式，努力提升慕课的教学质量和学习效果。

（4）线上选修

“环境监测指标检测”慕课在超星慕课平台上的开放，是一项具有深远意义的教育资源共享举措。

将这门慕课与课堂教学紧密结合，为学生提供课前预习、课中指导和课后复习的全方位学习支持是学校的首要选择。同时，教师团队也能通过慕课平台的数据反馈，更精准地把握学生的学习进度和难点，从而调整教学策略，提升教学效果。

对于其他学校相关专业师生来说，他们可以通过超星慕课平台，无障碍地获取到这门课程的优质资源。这不仅有助于他们扩展知识面，提升专业技能，还能促进不同学校之间的学术交流与合作。

此外，这门慕课还为企事业相关从业人员以及有此学习需求的社会人员提供了便捷的课程资源服务。他们可以通过自主学习，掌握环境监测指标检测的基本知识和操作技能，从而提升自身的职业素养和竞争力。

目前，慕课运营团队正在积极开展相关推广应用工作。他们通过线上线下的宣传推广，扩大课程的影响力，吸引更多的学习者参与进来。同时，他们还与多家企事业单位建立合作关系，将课程资源引入企业培训，实现教育资源的最大化利用。

未来，“环境监测指标检测”慕课将继续在超星慕课平台上发挥其重要作用，为更多的学习者提供优质的教育资源服务，推动环境监测领域的人才培养和技术进步。

(六)慕课在环境生态学教学中的应用

环境生态学作为一门交叉学科,与慕课的理念不谋而合。环境、生态等术语已经深入人心,它们不仅仅代表着学科定位,更是一种文化理念的形成。因此,将环境生态学课程与慕课相结合,采用线上教学和线上线下混合教学模式,对于推动该学科的发展、提高教学效果具有重要意义。

通过慕课平台,环境生态学课程可以突破时空限制,让更多的人有机会接触到这一领域的知识。同时,线上教学的方式也可以为学习者提供更加灵活、自主的学习体验,促进他们的学习兴趣和积极性。此外,线上线下混合教学模式还可以充分发挥教师的引导作用,通过课堂讨论、实践操作等方式,加深学习者对知识的理解和掌握。

1. 环境生态学慕课教学的优势

(1)"教"的优势——教师能动性增强,教学效率提升。在教学管理方面,慕课为任课教师提供了极大的便利。这种灵活的教学方式不仅提高了教学效率,也使得教学质量得到了进一步提升。

与传统教学相比,慕课教学对教师提出了更高的要求。教师不仅需要制作高质量的课程内容,还需要关注线上互动和反馈,及时调整教学策略。这种亦学亦师的教学方式不仅促进了师生之间的教学互动,也提高了教师的教学水平和能力。

(2)"学"的优势——学习的自由度和主动性明显提高。慕课的出现,彻底改变了传统的学习模式,使学习不再受教室空间和课堂固定时间的束缚。学生可以在任何时间、任何地点进行学习,真正实现了"随时随地"的自由学习。在环境生态学课程中采用慕课教学后,学生可以利用零碎时间来学习一个知识点,这种灵活的学习方式大大提高了学生的学习效率。

慕课教学不仅提高了学生的学习主动性,还锻炼了学生的自主学习能力。在传统教学模式下,教师是主导,学生的主动性没有得到很好的发挥。而在慕课教学中,学生成了学习的主体,他们可以自主选择学习内容和学习进度,挖掘自己的主动性和潜力。从数据上看,学生在慕课平台上的平均观看时长远超传统课堂的学习时间,提问次数也大幅增加,这都表明学生的学习主动性得到了明显提高。

慕课教学还改变了传统的教学模式,从强调"教"转变为强调"学"。在慕课教学中,教师不再是知识的单向传授者,而是成为学生学习的引导者和辅助者。学生通过在线视频学习课程内容,查阅相关资料并回答问题,然后在课堂上与教师进行面对面交流,汇报自己的学习成果。这种混合式教学模式既充分发挥了在线学习的优势,又保留了传统课堂的教学互动,使得教学效果得到了显著提升。

从学习效果来看,慕课教学也明显优于传统教学模式。在慕课平台下,学生的合格率大幅提高,不及格率大幅降低。而且,慕课平台的学习记录功能使得教师可以精准定位分析学生的学习情况,针对不同层次的学生进行有针对性的督促和指导,从而达到更好的教学效果。

2. 慕课教学质量的影响因素分析

环境生态学慕课运行以来,发现诸多因素会影响慕课的教学质量。

(1)慕课制作与建设。慕课制作是一项复杂而精细的工作,它涵盖了课程策划、脚本设计、视频拍摄、视频剪辑包装和视频校对等关键环节。这些步骤不仅各自独立,而且相互关联,共同构成了慕课制作的全过程。

课程策划是慕课制作的起点,它需要对教材进行重新梳理,设计合理的课程体系,并规划录制的知识点。这一过程需要对教学内容有深入的理解和把握,以确保课程体系的完整性和知识点的准确性。

脚本设计是慕课制作中的关键步骤,它涉及知识点内容的选取、课外素材的整理以及有效讲授的设计。脚本设计的好坏直接影响着慕课制作的质量。因此,在脚本设计过程中,需要反复推敲每一个知识点,确保内容的准确性和吸引力。同时,还需要注重课程内容的连贯性和逻辑性,以使学生能够轻松理解和掌握知识。

视频拍摄虽然看似简单,但实际上需要一定的技巧和经验。在拍摄过程中,需要将各种机器设备当作学生,以放松的心态进行讲授。同时,还需要注意拍摄角度、光线和声音等因素,以确保视频质量。

视频剪辑包装是慕课制作中的技术活,它包括视频打点、转码、审校、素材插入、片头片尾制作和字幕制作等多个环节。在这一过程中,需要融入专业教师对课程的理解和总体把控,以确保视频内容的准确性和完整性。

视频校对是慕课制作的最后一道工序,它要求团队教师人人有责,多听多记,发现错误及时纠正。这一过程虽然烦琐,但对于保证慕课质量至关重要。

(2)慕课教学理念。《环境生态学》线上教学的实践表明,学生的积极参与和主动提问显著增强了师生之间的互动。在这种模式下,学生不再是知识的被动接受者,而是成了主动的探索者和学习者。学生的主动性提升，不仅表现在提问数量的增加，更体现在提问质量的提升和思考的深入。

线上教学平台为师生提供了便捷的交流渠道，但也暴露出一些问题。例如，某些复杂或抽象的问题在线上解释可能不够直观和深入，这时面对面的交流讨论就显得尤为重要。因此，教师在解答学生问题的过程中，需要灵活运用线上线下相结合的方式，确保教学效果的最优化。

慕课作为一种创新性的教学模式，它与传统课堂教学相互补充，共同构成了多元化的教学体系。慕课将教育信息技术与教学有机融合，不仅丰富了教学手段，也激发了教师的教学热情和课堂活力。通过慕课平台，教师可以更加灵活地组织教学内容和方式，更好地满足学生的个性化学习需求。

在慕课教学中，教师更加注重学生的学习体验和师生互动。他们根据线上学情统计分析，针对学生的学习能力和兴趣点，精心设计教学内容和互动环节。这样的教学方式使得教师的教学更加精准和高效，同时也让学生在轻松愉快的氛围中学习，提高了学习效果。

慕课还原了“学”的本质，使教学从传统的以教师为中心转变为以学生为中心。教师的“教”不再是单向的知识传授，而是为了更好地促进学生的“学”。在这种模式下，学生成为学习的主体，他们的学习需求和兴趣得到了更好的满足，学习效果也得到了显著提升。

（3）慕课平台管理。慕课平台作为现代教育技术的代表，确实展现了技术服务于教学的理念。它使学习者能够专注于课程内容的利用，而不是被技术本身所干扰，然而，技术也会在一定程度上制约慕课平台的发展。

以环境生态学课程为例，虽然优课在线平台和慕课平台都提供了手机 App 学习的方式，但目前在 App 的功能开发、交互性以及与电脑端的对应性方面还存在一些问题，这些问题可能会影响到学生的学习体验和学习效果。此外，网速问题也是制约在线教育发展的一个重要因素。当网速太慢时，视频的流畅播放就会受到影响，这会直接影响到学生的学习进度和学习质量。

不过，尽管存在这些技术上的挑战，慕课平台在日常教学管理方面还是展现出了其独特的优势。

因此，对于慕课平台来说，如何在保证学习体验和学习效果的前提下，不断克服技术上的挑战，进一步完善和优化平台功能，是一个值得深入探讨的问题。同时，教师也需要不断提升自己的信息技术应用能力，以便更好地利用慕课平台进行教学和管理工作。

第三节　基于翻转课堂的环境学课程教学

一、翻转课堂教学模式概述

“翻转课堂”作为一种新颖的教学理念与模式，与传统课堂教学有着显著的区别。学生可以在相同的学习材料基础上，根据自身的时间安排和学习能力调整学习进度，从而实现个性化的高效学习。这一教学模式要求学生必须先行学习，单纯依赖课堂上的被动接受已无法满足学习需求，从而激发了学生的自主学习意识。最后，相较于传统课堂需要投入更多资源来优化生师比，“翻转课堂”能够在保持大班教学的同时，为学生提供更多与教师深入交流的机会，确保教学质量。

（一）形式多样的翻转课堂教学方法

为了进一步提升教学实效，我们坚持“学生为主体，教师为主导”的教学理念，并在此基础上，依托前期取得的教学成果，大胆尝试并实践了“案例研讨”“专题讲座”和“项目任务驱动”等新型教学模式。这些模式的实施，不仅激发了学生的学习兴趣和主动性，也有效促进了师生之间的互动与合作，为提升教学质量和效果奠定了坚实基础。

案例研讨模式的核心环节在于：我们会呈现一系列经典案例，这些案例涵盖了不同层次的水平，形式多样，包括视频和课件等。随后，学生将分组进行深入的案例研讨，探讨案例中所体现的环境化学关键理论以及实践应用技能。每组将选出代表发言，分享组内的讨论成果以及与其他组之间的有意义交流。最后，教师或其指定的主持人将进行小结反思，总结案例研讨的收获和不足，以便后续改进。

（二）多形式、立体化的实践教学的模式

通过这些丰富的实践教学活动，成功构建了一个包含课堂学习、课程

实验、实训实习、创新实验以及行业竞赛的立体化实践教学体系。这一体系不仅涵盖了传统的课堂学习和实验环节,更延伸到了实际工作环境和行业竞赛的层面,使学生在多个维度上得到全面锻炼。

在实践教学中,学生有机会将课堂上学到的理论知识应用于实际问题中,通过亲手操作、亲身体验,深化对知识的理解和掌握。同时,实践教学还能够培养学生的实践能力、创新精神和团队协作能力,为他们的未来发展奠定坚实基础。

(三)信息化师生互动教学模式

本课程教学始终紧密贴合教育现实,积极运用多元化的技术手段推动教学方法的创新与改革。我们以课程网站的建设和学科学习应用网站的开发为重要抓手,为师生提供了更为丰富和便捷的教学资源与学习平台。这些平台不仅促进了课内外的紧密合作与互动,还为学生们创造了一个自由交流、共享经验、发表见解的开放空间。

在课程网站上,我们精心打造了“留言板”“讨论园地”“谁来答”等交互平台,鼓励学生们积极参与讨论,分享学习心得和体会。教师可以随时参与讨论,为学生们提供指导与帮助,同时也可以在必要时提出仲裁和建议,确保讨论的顺利进行。此外,我们还充分利用 QQ、E-mail 和微信等网络工具,将线上交流有效延伸至线下,使师生之间的交流更加便捷和深入。

(四)翻转课堂教学模式构建

翻转课堂教学模式彻底改变了传统的教学流程,将知识的“传授”和“内化”两个关键环节进行了颠覆性的调整。这一创新的目的在于更好地激发学生的自主学习兴趣,提升他们在课堂上的参与积极性,进而实现课堂教学效率和课程教学效果的双提升(图 3-1)。

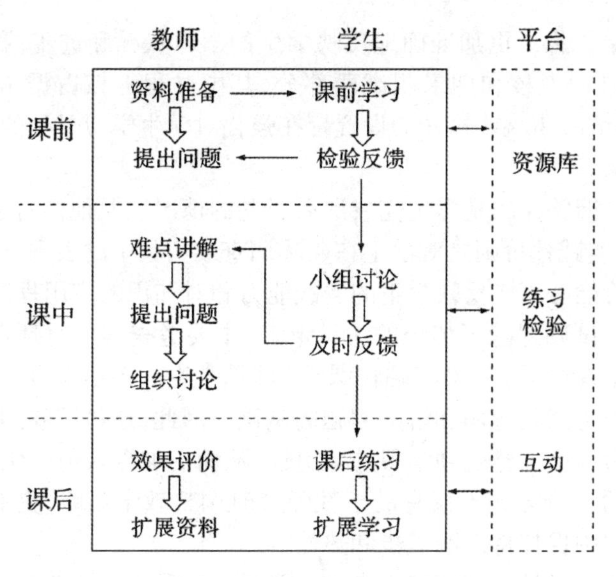

图 3–1　翻转课堂教学模式

从学生角度来看,该模式涉及课前、课中和课后三个主要环节。课前,学生需要依据教师提供的短视频、文字资料和自测题目进行自主学习,通过自测检验学习效果,并在讨论区提出疑问。课中,学生则以小组形式进行案例讨论,深化对知识的理解,同时培养合作能力。教师在这一过程中担任引导者和解惑者的角色,观察学生的讨论情况,并提供必要的指导和帮助。课后,学生则需要通过复习和扩展资料巩固所学知识,完成考核任务,并有机会进行知识深化和拓展。

从教师角度来看,该模式要求教师在课前进行充分的教学准备,包括制作教学视频、准备学习资料等。课中,教师则需要根据学生的反馈和讨论情况,灵活调整教学策略,引导学生深入理解和掌握知识。课后,教师则需要对学生的考核成绩进行综合分析,评估教学效果,以便及时调整教学内容和改进教学方法。

在环境生态学的实践内容教学中,"翻转课堂"模式也展现出了其独特的优势。学生需要在课前学习的基础上,通过小组讨论制订实践方案,并在教师的指导下完成实践操作。这种教学方式不仅有助于提升学生的实践能力和解决问题的能力,还能够促进他们之间的合作与交流。

(五)翻转课堂教学模式考核

在翻转课堂教学模式下,环境学的学习效果评价得到了更加全面和细致的考量。为了更加准确地反映学生的学习状况和进步，我们将评价体系分为过程考核和期末测试两部分，其中过程考核占据了60%的比重，期末测试占40%。这样的设置旨在强化对学生学习过程的关注，而不仅仅是结果。

课后反馈关注的是学生完成课后习题的情况以及他们对学习内容的反馈态度。实践评价则是对学生在实际调查或实验中的表现进行的评价，这部分评价能够真实反映学生的实践能力和对知识的应用程度。

期末测试则保持了传统的考试形式，主要考查学生对环境生态学理论知识的掌握情况。虽然“翻转课堂”注重学生的自主学习和实践能力，但理论知识仍然是应用和解决问题的基础。因此，通过闭卷测试，可以让学生在一定程度上感受到学习的紧迫性，从而更加深入地内化知识。

这样的评价方式不仅有助于教师及时调整教学策略，更能激励学生在学习过程中保持持续的进步和热情。

过程化的考核机制能够更有效地激励学生积极参与学习的每一个环节，确保他们在每一个环节都能获得公平且全面的评价。此外，网络教学平台在整个“翻转课堂”过程中发挥了不可或缺的作用，它不仅是资料传播的重要渠道，更是师生之间沟通的桥梁，使得教学资源的共享和师生之间的交流变得更加便捷高效。

二、环境学教学存在的问题

（1）教学内容方面的问题。教师们不得不安排较多的课时来讲授基础理论，以确保学生能够更好地理解和应用后续内容。然而，我们也发现，理论部分中存在一些内容与先修课程（如环境科学导论、环境化学）存在重复，这在一定程度上浪费了教学资源和学习时间，影响了学生对知识的整体把握和综合运用能力。因此，如何在有限的教学时间内，既保证理论基础的全面性和深度，又加强实践与应用之间的联系，成为环境生态学教学中亟待解决的问题。我们需要不断探索和创新教学方法，以更好地满足学生的学习需求，提高他们的学习效果。

（2）教学方法和手段方面的问题。环境学的理论知识极其丰富，内容繁杂且具备多学科交叉的特性。它不仅仅局限于环境科学，还涵盖了生态学、化学、物理学以及生物学等多个学科领域。这样的综合性要求学生在掌握基础知识的同时，还要具备跨学科的思维方式和综合应用能力。传统的讲授教学模式在这种背景下显得力不从心。由于教学内容过于繁杂，教师在有限的课时内往往难以做到面面俱到，这导致教学内容覆盖面和深度之间常常存在矛盾。学生往往只能获得浅层次的理解，对于污染处理原理的深入掌握以及针对具体环境问题的分析能力都存在明显的不足。因此，为了克服这些难点，我们需要探索新的教学模式和方法。例如，可以采用翻转课堂的方式，让学生在课前自主学习基础知识，课堂上则通过讨论、案例分析等方式深化理解。同时，也可以结合实践教学，让学生亲身参与到污染防治的实际工作中，从而加深对理论知识的理解和应用。

此外，在大学课堂中，多媒体技术已经成为一种常见的教学手段，环境生态学课堂亦是如此。然而，许多教师在使用多媒体技术时，仅仅是将传统的板书内容转移到了 PPT 上，无论是理论还是实践内容，仍然采用传统的讲授方式进行传达。实际上，多媒体技术的优势在于其能够通过图像、声音、动画等多种形式展示内容，使得教学更加生动、形象。如果教师能够充分发挥多媒体技术的优势，结合课程内容设计更为丰富多样的教学方式，那么不仅可以提高学生的学习兴趣，还能够加深他们对知识的理解和掌握。因此，我们应该鼓励教师在使用多媒体技术时，不仅要注重形式上的改变，更要注重教学内容和方法的创新。通过与学生进行更多的互动和交流，给学生更多的思考时间，来提高学生的课堂学习效率，激发他们对环境生态学课程的热情和积极性。

（3）考核方式方面的问题。在大多数院校中，课程考核方式主要以理论考试为主，这种方式虽然能够一定程度上检验学生对理论知识的掌握程度，但却无法全面反映学生的综合能力。一方面，笔试成绩虽然能够反映学生对知识的记忆和理解程度，但往往难以衡量其应用能力和创新思维。另一方面，平时成绩虽然涵盖了多个方面，但其权重相对较小，且评价标准较为模糊，难以全面反映学生的综合素质。

因此，为了更好地评价学生的学习效果，促进其全面发展，我们需要丰富和发展适用性更强的评价指标及评价模式。具体来说，我们可以引入更多的实践性考核环节，如实验操作、项目设计、实地考察等，以检验学生的实践能力和解决问题的能力。同时，我们还可以通过学生自评、互评以及教师评价相结合的方式，形成多元化的评价体系，使评价结果更加客观、公正和全面。

通过丰富和发展学习效果评价模式，我们可以更好地激发学生的学习积极性，提升其综合素质，达到以评促学的目的。这不仅有助于提升“工程”课程的教学质量，更有助于培养出更多符合社会需求的优秀人才。

环境学不仅要求学生掌握基础理论知识，更要求学生具备将知识应用于解决实际问题的能力以及动手技能。然而，传统的理论考试往往只能考查学生对理论知识的记忆和理解，而无法评估他们在实践中的表现。这就导致了考核结果与学生实际能力之间的脱节。

为了更全面地评价学生的学习成果，我们需要采用更多元化的考核方式。例如，可以结合课堂讨论、实验报告、实践项目等多种方式来综合评估学生的表现。这些方式不仅能够考查学生对理论知识的掌握情况，还能够评估他们在实践中的操作能力和创新思维。

因此，对于环境学这样的课程，我们应该打破传统的考核方式，探索更加全面、科学的评价方法，以更好地促进学生的全面发展。

（4）手机入侵，课堂失守。随着科技的飞速发展，手机、平板等电子设备在大学生中的普及率越来越高，这些便捷的工具原本是为了方便学生的学习和生活，然而在实际应用中，却往往成了分散学生注意力的源头。课堂上，我们不难发现，许多学生低头沉浸在手机的世界里，玩游戏、刷社交媒体，这些非学习行为已经成为影响课堂秩序和学生学习效果的一大隐患。

传统的解决方式，如使用手机袋或是采取“人盯人”的监管策略，虽然在一定程度上能够限制学生在课堂上的非学习行为，但效果往往并不理想。这种方式不仅难以真正改变学生的行为习惯，还可能引发学生的逆反心理，甚至导致师生关系紧张。因此，我们需要寻找一种更为合理和有效的解决方式，即“变堵为疏，化害为利”。例如，教师可以尝试利用电子设备来辅助教学，通过引入一些互动性强、趣味性高的教学应用，激发学生的学习兴趣，引导他们将手机等电子设备作为学习的工具而非娱乐的玩具；学校可以加强对学生使用电子设备的引导和教育，通过开展相关讲座、制定使用规范等方式，帮助学生树立正确的使用观念，培养他们良好的学习习惯；教师还可以通过设置课堂规则、加强课堂管理等方式，营造一种积极向上的学习氛围，减少非学习行为的发生。

三、翻转课堂应用存在的问题

根据对“翻转课堂”实施效果评估的相关研究，我们可以发现，与传统课堂相比，这种教学模式的开放式学习环境在促进学生学习效果方面展现出了显著优势。然而，在实际应用过程中，我们也观察到了一些值得深入探讨的问题。例如，有些教师在实践中仅仅简单地将传统课堂的内容进行颠倒，而没有真正理解翻转课堂的核心理念；同时，课堂的控制力也是一大挑战，教师需要具备更高的教学技巧来引导学生进行有效的学习。此外，并非所有的课程内容都适合采用翻转课堂的教学模式，教师需要根据课程的特点和学生的学习需求进行精心选择。值得注意的是，不是所有学生都能迅速适应这种自主学习模式，因此，教师在实施翻转课堂时，还需要考虑学生的个体差异，采取个性化的教学策略。

（1）避免简单的形式“翻转”。目前，虽然许多课程都采用了学生课前学习、课堂讨论和实践的教学模式，但其中大多数只是形似“翻转课堂”，实际上仅仅是传统课堂的简单颠倒。这种表面的变革并未触及“翻转课堂”的核心价值和精髓。

“翻转课堂”的关键点在于教师如何精心准备合适的学习材料，以及如何有效地组织课堂讨论和实践活动。教师不仅需要提供丰富多样的学习资源，更要通过设置合适的问题，引导学生深入思考，激发他们的学习兴趣和主动性。同时，教师还需要通过评估测试来了解学生是否真正理解了所学内容，而不仅仅是完成了题目。

在实践中，一些教师过于注重视频和资料的制作，却忽视了课堂组织的重要性。他们花费大量时间和精力制作精美的视频和资料，但却没有有效地利用这些资源来组织课堂讨论和实践活动。这种做法不仅浪费了时间和精力，也未能真正发挥“翻转课堂”的优势。

因此，教师需要有选择性地翻转课堂，并更加有效地利用因翻转而释放的时间。他们应该根据课程的特点和学生的学习需求，精心选择适合翻转的内容，并设计富有启发性和挑战性的课堂活动和问题。同时，教师还需要注重与学生的互动和沟通，及时了解他们的学习情况和反馈，以便及时调整教学策略和方法。

（2）明确教师的主导地位。“翻转课堂”模式下的课前学习，往往需要将课程的经典理论体系进行切割，这在一定程度上可能导致知识呈现碎片化的趋势。教师在课堂中的引导和组织管理作用显得尤为重要。他们需要通过有效的课堂组织和管理，确保学生能够对知识进行系统性的学习和掌握，避免知识碎片化的现象发生。同时，教师还需要通过及时的反馈和评估，了解学生的学习情况，帮助他们解决学习中遇到的问题，进一步提升学习效果。

（3）调动学生参与课前学习。在“翻转课堂”教学模式下，确实存在部分学生未能认真完成课前学习任务的情况。这些学生在课堂上利用小组讨论或实践的时间来完成本应课前完成的任务，这种行为实际上与传统课堂学习差异不大，导致翻转课堂的效果大打折扣。更为严重的是，这种行为还可能对小组其他成员产生负面影响，降低他们的学习积极性和参与度。

为了有效解决这一困境，教师需要充分发挥“翻转课堂”的灵活性优势。教师可以对课前学习任务进行模块化组合，以适应不同学生的学习特点和需求。学生可以根据自身情况自主选择学习模块，这样既能激发学生的学习兴趣，又能确保他们在课前完成相应的学习任务；在学习评价方面，教师可以采取奖励与惩罚并举的策略。当学生完成阶段性学习内容时，可以获得相应的奖励得分，这将有助于增强学生的学习动力，而对于未能满足要求的学生，则可以采取一定的惩罚措施，如扣除部分课程成绩等。需要注意的是，惩罚并非目的，而是为了引导学生重视课前学习，确保翻转课堂的顺利进行。

当然，在实施过程中，教师还应给予学生多次尝试的机会。学习是一个持续的过程，学生可能在初次尝试时未能达到要求，但通过教师的指导和鼓励，他们往往能够逐渐进步，完成学习任务或获得更高成绩。因此，教师应保持耐心和信心，积极引导学生克服学习困难，实现翻转课堂的良好效果。

通过采取这些措施，教师可以更好地解决学生在“翻转课堂”中课前学习任务完成不认真的问题，提高翻转课堂的实施效果，促进学生的全面发展。

（4）积极应用新兴信息技术。随着新兴信息技术的迅猛发展，云平台、大数据、AI、VR 等先进技术正逐步融入教学的各个环节，极大地提升了资源共享和师生之间的交流互动效率。以智慧教室为例，它代表了信息技术与教育教学的深度融合。智慧教室在传统多媒体教室的基础上进行了革新，通过引入交互式电子白板替代单向投影，使教学内容更加生动直观；可移动组合式桌椅替代了固定式桌椅，为教学提供了更灵活的空间布局；同时，配备的触屏交互、语言采集、云平台等设备，进一步丰富了教学手段，提升了教学效果。

在“翻转课堂”教学模式中，智慧教室的应用相较于单纯的网络教学平台，更能增强课堂的互动性。通过实时的触屏交互，学生可以更积极地参与到课堂讨论中，提出自己的见解和疑问；语言采集设备则使得每个学生的声音都能被捕捉到，避免了传统课堂中部分学生被忽视的情况；而云平台则为学生提供了海量的学习资源，使学习不再局限于课堂，实现了真正意义上的自主学习。

四、以学生为中心的翻转课堂教学模式探索

随着教学实践的不断深入，翻转课堂教学模式得到了持续优化和完善。越来越多的实践证明，翻转课堂在高等教育中具有独特的优势和强

大的生命力,能够显著提升学生的学习效果,促进高等教育质量的提升。未来,随着技术的不断进步和教育理念的更新,翻转课堂将在高等教育中发挥更加重要的作用。

“环境工程”是一门综合性极强的学科,涵盖了大气、水、土壤、固体废物等多个方面的污染问题及其防治策略,还要求学生具备环境质量评价的能力。然而,根据以往的教学实践,传统的讲授式教学模式在“工程”课程中往往难以取得理想的教学效果。因此,创新教学模式,增强学生对实际工程环境问题的分析和解决能力,显得尤为迫切。

众多研究表明,以学生为中心的翻转课堂教学模式,在激发学生兴趣、提升其综合能力方面展现出独特的优势。鉴于此,著者尝试在“工程”课程教学中实施这种以学生为中心的翻转课堂教学模式,以期提高教学效果,更好地培养学生在实际工程中应对环境问题的能力。通过这一教学模式的实践,我们期望能够为学生提供一个更加互动、自主的学习环境,使他们能够更深入地理解和掌握“工程”的核心理念和实践技能。

针对“工程”教学中存在的问题,我们进行了深入的分析,发现传统的教学模式已难以满足当前学生的学习需求,特别是在提高学生自主学习能力和解决实际问题能力方面存在明显的短板。

在课前阶段,我们利用线上平台,为学生提供丰富的学习资源,包括教学视频、课件、案例等,引导学生自主学习,掌握课程的基本知识点。同时,我们还设置了在线测试和讨论区,帮助学生检验学习成果,发现学习中存在的问题,并通过讨论交流,加深对知识点的理解。

课中阶段,我们则采用翻转课堂的教学模式,将课堂的主导权交给学生。教师作为引导者,通过组织小组讨论、案例分析、实践操作等活动,帮助学生将所学知识应用于实际问题中,培养其分析问题和解决问题的能力。同时,教师还根据学生的学习情况和反馈,及时调整教学策略,确保教学效果。

课后阶段,利用线上平台,为学生提供个性化的学习支持。针对学生在课中阶段表现出的问题和困惑,提供详细的解答和辅导,帮助学生巩固所学知识。此外,我们还鼓励学生参与课程相关的实践活动和项目,将所学知识与实际工作相结合,提升其综合素质。

通过线上线下衔接的方式,成功打通了课前、课中和课后全过程链条,实现了以学生为中心的翻转课堂教学实践与探索。这种教学模式不仅提高了学生的学习积极性和自主性,还有效提升了其解决实际问题的能力,为培养高素质的工程人才奠定了坚实的基础。

（1）学情分析。学情分析是翻转课堂教学实践中不可或缺的关键环节，它以学生为中心，旨在深入了解学生的学习状况，为教学提供有力的依据。在课程之初，明确分析要素至关重要，这有助于我们更准确地把握学生的学习特点和需求。

为了全面了解学情，我们采用了多种方法。

首先，通过学生问卷测评的方式，收集了大量关于学生知识储备、能力水平等方面的数据。这些问卷设计科学、针对性强，能够真实反映学生的学习状况。通过对问卷数据的分析，清晰地了解学生在各个知识点上的掌握情况，从而确定教学的重点和难点。

其次，与辅导员和授课教师进行了深入的访谈。这些教师长期与学生接触，对学生的学习情况有着深入的了解。通过与他们的交流，可以获取更多关于学生学习态度、兴趣、心理需求等方面的信息。这些信息对于激发学生的学习兴趣、提升学习成就感具有重要意义。

通过学情分析，不仅可以了解学生的知识储备和能力水平，还可以把握学生的“最近发展区”，即学生当前水平与潜在水平之间的距离。这有助于我们制定更具针对性的教学策略，帮助学生逐步达到更高的水平。同时，了解学生的心理需求和兴趣点，也有助于我们设计更有趣、更生动的教学活动，激发学生的学习兴趣和热情。

此外，学情分析还能帮助我们洞悉学生的认知及性格差异。每个学生都是独特的个体，他们在认知方式、学习风格等方面存在差异。通过学情分析，我们可以更好地了解这些差异，从而适时优化教学策略，做到因材施教。这样不仅能提高教学效果，还能促进学生的全面发展。

（2）翻转课堂教学模式。在探索翻转课堂的教学模式时，我们特别注重课前、课中和课后这三个关键阶段的闭环实施路径。考虑到“工程”课程涉及的知识内容既广泛又复杂，课前自主学习成了翻转课堂能否顺利实施的关键。课后阶段，教师利用社交媒体与学生保持延伸讨论，确保学生的问题得到及时解决。此外，我们还通过开展课后活动的方式，引导学生运用课堂所学知识解决生活中周围区域存在的环境问题。这不仅增强了学生的学习获得感和学习动力，还有助于提升学生的综合素质。通过这一闭环实施路径，我们成功地将翻转课堂的教学模式应用于“工程”课程中，实现了以学生为中心的高效学习。

五、环境监测课程线上线下混合教学模式的实施

（一）翻转课堂的线上线下混合教学模式设计

翻转课堂能否成功，其中一个关键因素在于课程内容的设计。对于某些内容，如生态因子作用规律和各因子的生态作用，可以采用局部翻转加课堂再讲解串联的方式。学生在课前自学这些基础知识，而在课堂上，教师则进行进一步的解释和关系串联，并通过小组讨论来深化学生的理解。①

（1）开展课前线上课堂。课前在线课堂在环境监测课程的教学改革中扮演着至关重要的角色。这一阶段主要聚焦于培养学生的自主学习能力，以及提出问题、分析问题和解决问题的能力。通过线上网络教学平台，学生可以灵活安排时间，随时随地获取知识，为后续的线下学习奠定坚实基础。

学生在课前需要登录线上网络教学平台，观看名师慕课视频，这些视频通常由经验丰富的教师录制，内容涵盖环境监测的核心知识点和前沿技术。在观看视频的过程中，学生可以主动思考，记录重要知识点，并通过在线课前测试检验自己的学习成果。同时，线上讨论区为学生提供了一个交流互动的平台，学生可以在此提出疑问、分享心得，与教师和其他同学进行深入的讨论。

教师在这一环节中也发挥着关键作用。他们利用网络教学平台或手机 App 的通知功能，向学生发布预习任务，并监控学生的学习进度。通过对线上学习结果进行跟踪统计，教师可以及时了解学生的学习情况，发现出错率较高的知识点以及讨论区集中反馈的问题。这些信息对于教师调整教学目标和教学流程至关重要，有助于确保线下课堂教学的针对性和有效性。

课前在线课堂的有效实施，不仅有助于提高学生的自主学习能力和问题解决能力，还能为线下课堂教学提供有针对性的指导。通过线上线下的有机结合，环境监测课程的教学质量将得到显著提升，学生的综合素质和实践能力也将得到全面提高。

---

① 万妍青．螺旋问题链导向下初中数学单元活动问题设计：以“相似三角形的判定”单元活动为例[J]．数学教学通讯，2022（2）：11-15.

（2）实施课中线下理实一体课堂。课中线下理实一体课堂，作为翻转课堂的核心组成部分，通过师生互动的方式，有效实现了知识的内化与实践技能的提升。这一环节不仅是检验、巩固和转化线上知识学习的关键阶段，更是培养学生综合素质和实践能力的重要途径。

教师根据学生的课前预习情况，精心设计课堂教学任务与过程，确保教学目标的达成。通过引领讨论、答疑解惑和总结点评等方式，教师引导学生深入理解并掌握知识要点。

课中线下理实一体课堂的实施，不仅有助于提高学生的学习效果和实践能力，还能培养学生的团队协作精神和创新意识。通过这一环节的教学，学生能够更好地掌握环境监测课程的核心知识和技能，为未来的职业发展奠定坚实基础。

（3）课后在线课堂。课后在线课堂，作为课中线下教学的延伸与补充，承载着对知识的回顾、巩固与提升的重要任务。在这一环节中，教师扮演着线上辅导者和课程网络平台管理者的角色，而学生则通过完成各种学习任务来强化和巩固所学知识。

教师会根据课中线下课堂的教学反馈，识别出学生掌握知识的薄弱环节。为了帮助学生更好地理解和掌握这些难点，教师会将针对特定知识点录制的微视频或多媒体课件等学习资源上传至超星学习平台，并设置相应的任务点。学生需要按照要求反复观看这些资源，并通过完成任务来加深对知识点的理解。

此外，教师还会根据学生的学习情况，布置课后作业和实训任务。这些作业和任务旨在帮助学生巩固所学内容，提升实践操作能力。学生需要认真完成作业，并在完成后对学习进行反思和总结，以便更好地掌握所学知识。同时，为了打破线下课堂教学受时间和空间限制的束缚，教师还会将共性问题发布至网络平台或微信群，与学生开展互动交流。这种交流方式使学生能够在任何时间、任何地点向教师提问，得到及时的答疑解惑。这不仅增强了教学效果，还提高了学生的学习积极性和参与度。

通过课后在线课堂的学习与互动，学生不仅能够巩固和深化所学知识，还能够提高自主学习和解决问题的能力。而教师则能够通过在线辅导和平台管理，更好地了解学生的学习情况，为今后的教学提供有针对性的指导。

（4）课外延续拓展实训。课后拓展实训作为环境监测课程的重要组成部分，旨在满足学生的个性化需求，将课内学习与课外兴趣、理论与实践、学习与科研紧密结合，从而有效弥补线下课堂学习中可能存在的不足，达到拓展知识的目的。这一环节的实施方式灵活多样，既注重培养学生的实践操作能力,又强调激发其创新精神和科研能力。

在具体实施过程中,教师会在网络平台发布课外拓展实训任务、科研课题以及各级技能竞赛的通知。这些任务和课题涵盖了环境监测领域的多个方面,旨在让学生综合运用所学知识,独立地、创造性地完成拓展训练任务。学生可以根据自己的兴趣和能力自主选择参与,这样不仅能够提高他们的学习积极性,还能使他们在实践中深化对理论知识的理解。

通过课外拓展实训,学生能够更加深入地了解环境监测的实际应用,掌握各种分析测试技能,提高自己的知识应用能力和科技创新能力。同时,参与科研课题和技能竞赛还能培养学生的团队协作精神和竞争意识,为未来的职业发展奠定坚实基础。

此外,课外拓展实训还有助于提升学生的综合素质。学生在完成拓展训练任务的过程中,需要不断面对和解决各种实际问题,这不仅能够锻炼他们的思维能力,还能培养他们的责任心和使命感。同时,通过参与科研活动和技能竞赛,学生还能拓展自己的视野,增强自己的社会适应能力。

这种混合教学模式充分展现了线上教学的灵活性与线下教学的互动性。线上教学让学生可以根据自己的时间安排自由学习,同时现代信息技术的应用也使得知识点的呈现更加生动易懂;而线下教学则通过面对面的交流探讨,引导学生深入思考,增强学习的浸入感。两者的结合,使得课堂教学更加直观生动,有效激发学生的学习兴趣,提高学习效果。

基于翻转课堂的线上线下混合教学模式,不仅将传统的课堂教学延伸到了网络空间,更构建了一个资源共享、互动便捷的教学环境。这种教学模式的应用,实现了教学内容的信息化、师生交流的网络化和课程管理的智能化,为学生提供了一个更加开放、多元的学习平台。在这个平台上,学生的主体地位得到了充分的体现,师生互动更加频繁和深入,从而有效地提升了学生的专业素养和综合能力。

(二)构建环境监测课程网络教学平台

世纪超星信息技术发展有限责任公司精心打造了“一平三端”智慧教学平台,构建了一个专为学生线上学习而设计的环境监测课程教学平台。该平台由四个核心模块构成,旨在为学生提供便捷、高效的学习环境。这一线上教学平台充分利用了“一平三端”的技术优势,确保了教学的流畅性与互动性。其中,“一平”指的是统一的教学平台,为师生提供了一个集中展示、交流与学习的空间;“三端”则涵盖了PC端、移动端和课堂端，实现了教学的多端互通，让学生可以随时随地参与学习。

环境监测线上教学平台的四个模块各具特色，功能互补。第一个模块是课程资源模块，该模块整合了丰富的环境监测教学资源，包括教学视频、课件、习题等，方便学生自主学习；第二个模块是互动交流模块，通过在线讨论、问答等方式，促进师生之间的交流与互动；第三个模块是实践训练模块，提供虚拟实验、案例分析等实践训练内容，帮助学生提升实际操作能力；第四个模块是评价反馈模块，通过在线测试和作业提交等方式，对学生的学习效果进行评价和反馈。

这四个模块的有机结合，形成了一个完整、系统的线上教学环境，为学生的学习提供了有力的支持。同时，平台还具备灵活性和可扩展性，可以根据教学需求进行定制和调整，确保教学效果的最大化。

（1）"课程学习"模块。课程学习模块作为整个教学模式的核心组成部分，为学生提供了丰富多样的学习资源和学习方式。该模块由电子教材、多媒体课件、授课视频和微视频四个部分组成，旨在帮助学生全面、深入地掌握环境监测课程的知识和技能。

电子教材是针对优化整合后的环境监测课程教学内容精心编制的。它采用了先进的排版技术和设计理念，使得教材内容更加清晰、易读。同时，电子教材还配备了丰富的图表、案例和习题，有助于加深学生对知识点的理解和记忆。

多媒体课件是根据整合后的教学内容制作的。这些课件采用了PowerPoint、Flash等软件进行演示，形式生动、内容丰富。通过文字、图片、音频和视频等多种形式的结合，多媒体课件能够帮助学生更加直观地了解环境监测的原理和方法，提高学习兴趣和效果。

授课视频是线下课堂的全程授课录像，经过剪辑整理后上传至超星智慧网络教学平台。这些视频真实记录了授课教师的授课过程，包括知识点的讲解、案例分析、实验操作等内容。学生可以通过观看视频，随时回顾和巩固课堂所学知识，加深对课程内容的理解。

此外，针对学生掌握知识的相对薄弱环节，授课教师还会将某一特定知识点录制成微视频。这些视频短小精悍，重点突出，能够帮助学生快速掌握难点和重点知识。学生可以根据自己的学习进度和需求，随时随地观看这些微视频，提高学习效率和效果。

通过将电子教材、多媒体课件、授课视频和微视频等学习资源上传至超星智慧网络教学平台，学生可以随时随地进行自主学习。他们可以根据自己的时间安排和学习进度，灵活选择学习内容和方式，实现个性化学习。同时，学生还可以通过平台上的互动交流功能，与教师和其他同学进行交流和讨论，共同解决问题和分享学习心得。

（2）"实践学习"模块。实践学习模块的网络教学，以实践虚拟仿真和内容处理为核心，充分利用现代教学手段，将视频、动画、图片和实物投影等多种元素有机结合，为学生提供了一个沉浸式的学习体验。在这一模块中，我们特别注重实验指导书、仪器介绍、示范视频和实验仿真模拟等多媒体资源的整合与利用。

具体而言，首先将实验指导书、仪器介绍等详尽的资料上传至网络教学平台，供学生在课前在线预习时查阅。这些资料详细介绍了实验的原理、步骤和注意事项，帮助学生建立起对实验的整体认识。同时，还提供了示范视频，通过直观的视频演示，让学生更好地理解实验的操作过程。

更为重要的是，引入了实验仿真模拟系统。这一系统通过虚拟仿真技术，对大型分析仪器如原子吸收光谱仪、气相色谱、液相色谱和质谱仪等装置进行模拟操作。学生可以在虚拟环境中进行仪器的操作练习，熟悉其操作原理、步骤和数据分析处理。这种模拟操作不仅降低了实际实验的成本和风险，还提高了学生的实践能力和操作技巧。

此外，鼓励学生利用网络平台进行在线讨论和交流。学生可以在预习过程中提出自己的疑问和看法，与其他同学或老师进行互动交流。这种交流方式有助于拓展学生的思路，加深对实验内容的理解。

（3）"在线交流"模块。"学习通"手机 App 作为一种现代化的教学工具，为教师和学生提供了便捷、高效的课内外实时互动交流平台。通过这个平台，教师和学生可以随时随地就理论课和实验课中的疑惑、体会和建议进行深入的交流和讨论，极大地提升了教学效果和学习体验。

在课前，教师可以利用学习通 App 设置与课堂内容相关的开放性讨论话题。这些话题可以激发学生的兴趣，引导他们主动思考和学习新的知识。通过参与讨论，学生可以提前了解课程内容，形成初步的认知，为课堂学习做好充分的准备。

在课中，教师可以根据教学进度和学生的反馈，及时在学习通 App 上发布问题或引导性话题，引导学生进行思考和讨论。学生可以针对这些问题或话题发表自己的观点和看法，与其他同学和教师进行互动交流。这种实时互动不仅可以激发学生的学习兴趣，还可以帮助他们加深对知识点的理解和掌握。

在课后，教师可以设置一些与课堂内容相关的延伸性讨论话题，引导学生对所学知识进行进一步的思考和探索。学生可以通过学习通 App 发表自己的见解和疑问，与其他同学和教师进行讨论和交流。这种延伸性的讨论不仅可以帮助学生巩固所学知识,还可以拓宽他们的思维和视野。

除了教师发起的讨论话题外,学习通 App 还允许学生自由发起话题或提问。这为学生提供了一个表达自己观点和疑惑的平台,让他们能够更积极地参与到学习中来。同时,教师也可以根据学生的讨论情况,及时调整教学策略,更好地满足学生的学习需求。

(4)“自我测试”模块。该模块作为环境监测课程的重要组成部分,不仅全面覆盖了课程的重点和难点,还通过多样化的题型设计,有效提升了学生的学习效果和评估准确性。

课前小测验作为预习环节的重要一环,每一章节都设有相应的测验题目。学生在课前通过完成这些测验,可以初步了解章节内容,检验自己的预习效果,为课堂学习做好充分准备。同时,课前小测验的题目设计紧密围绕章节重点,有助于引导学生有针对性地预习和思考。

作业区则为学生提供了课后复习和巩固知识的平台。每一章节的作业都涵盖了选择题、填空题、判断题、简答题、方案设计题和计算题等多种题型,旨在全面检验学生对章节内容的掌握情况。学生完成作业后,系统会根据标准答案进行自动评分,并标示出错题题号和正确答案,方便学生查看和纠正自己的错误。

期末考试作为对整个课程学习成果的检验,其题目设计更为全面和深入。通过完成期末考试,学生可以全面了解自己对课程内容的掌握程度,并为未来的学习和职业发展做好充分准备。

此外,该模块还具备智能化和个性化的特点。系统可以根据学生的学习情况和进度,智能推荐相应的题目和难度,实现个性化学习。同时,学生还可以根据自己的学习需求和时间安排,随时进入模块进行学习和测试,实现自主学习和自我管理。

(三)建设线上线下教学资源库

环境监测课程教学资源库作为其中的一个具体实例,其建设充分体现了资源共享的理念。该资源库由线上和线下两部分组成,涵盖了丰富的课程素材,这些素材均由授课教师精心整理并上传到网络平台,供学生线上学习使用。

线上课程资源库主要包括电子教材、多媒体课件、授课视频、微视频等学习资源,这些资源以数字化形式呈现,便于学生随时随地进行学习。

同时，线上资源库还提供了在线测试、作业提交、讨论交流等功能，使学生能够在线上环境中完成学习任务、参与互动讨论，从而加深对知识点的理解和掌握。

线下课程资源库则侧重于实验指导书、仪器介绍、实验报告等实体资源的整合与利用。这些资源为学生提供了实践操作的机会和平台，有助于他们将理论知识与实际操作相结合，提升实践能力和解决问题的能力。

通过线上线下课程资源库的有机结合，环境监测课程教学资源库形成了一个完整、系统的教学资源体系，为混合式教学的开展提供了有力的支持。同时，这种资源共享的方式也促进了教学资源的优化配置和高效利用，提高了教学质量和效果。

第四节　基于混合模式的环境学课程教学

随着信息技术的迅猛发展，教育领域正经历着前所未有的变革。在线学习（E-Learning）作为其中的代表，以其灵活性和便捷性在高等教育领域得到了广泛应用。然而，单纯的在线学习缺乏面对面的互动和情境营造，这在一定程度上影响了学生的深度学习和知识内化效果。与此同时，传统的高等教育面授教学虽然具有互动性强、情境真实等优势，但往往过于以教师为中心，限制了学生的发散思维和创新能力。因此，混合学习（Blended Learning）作为一种融合在线学习与面授教学优势的新模式应运而生。

一、“环境化学”课程的混合模式教学

单纯的微课教学往往缺乏师生、生生之间的交流互动，使得学习过程显得较为枯燥。而翻转课堂研讨式的学习活动设计则很好地弥补了这一不足，使得学习变得更加生动有趣。同时，微课教学也弥补了传统课堂单一教学方式和忽略学生个体差异的缺点，使教学更加贴近学生的实际需求。

（1）微课设计。自制的微课视频具有更高的灵活性，可以根据翻转课堂教学中的实际问题和学生的反馈，及时调整微课的教学结构和内容，避免了慕课视频因制作周期长、结构固化而难以及时调整的缺点，使教学更加贴近学生的实际需求。

微课与传统线下教学的最大不同在于师生之间的分离状态，因此我们不能简单地将传统课堂的教学模式复制到微课中。传统课堂教学注重内容的连贯性和系统性，但这种方式对于知识面广、自主性强的学生来说可能过于单调乏味；而对于基础薄弱、学习能力较差的学生来说，则可能难以跟上教学节奏。因此，在“环境化学”微课的设计中，我们以维果斯基的“最近发展区间”理论为指导原则，精心选择知识点、确定学习任务难易度以及把握教师讲解的详略程度等，确保每个知识点的教学难度都落在学生的最佳学习区域内，从而实现教学效果的最大化。

（2）翻转课堂设计。翻转课堂，作为一种颠覆传统的新型教学模式，其核心在于通过学生的课前预习成果汇报、教师的答疑解惑以及师生间的互动交流等活动，完成教学任务。在“环境化学”的混合式教学过程中，翻转课堂有效地弥补了线上微课教学中师生间和生生间交流的局限性，使得教学更为生动、深入。

在翻转课堂中，教师的角色发生了转变，从传统的知识传授者变成了学生的指导者和引路人。他们从宏观上控制学生的学习进度和程度，确保学生在正确的轨道上前进。而学生则成了教学活动的积极参与者，他们通过课前预习、小组讨论、课堂汇报等方式，主动探索知识，构建自己的知识体系。

在“环境化学”的翻转课堂设计中，我们特别注重学生之间的交流与协作。将学生分为 3 ~ 4 人的小组，让他们共同完成一个课题的学习。在这个过程中，学生们通过交流、互动和协作，不仅促进了知识的吸收和内化，还培养了他们的团队合作精神和解决问题的能力。

（3）课程考核设计。为了有效应对这一问题，我们认识到对学生进行必要且合理的考核至关重要。合理的考核机制能够刺激学生的学习热情，提高学习成果，确保他们能够在整个学习过程中保持持续的动力和专注。

在“环境化学”的混合式教学考核体系中，采用了多元化的评价方式，包括线上考核、线下平时考核和期末考试三部分。线上考核主要依据学生在课程平台上的微课观看时间、在线学习参与度、线上作业的完成情况以及参与讨论的次数和深度等。这种考核方式能够全面反映学生在自主学习过程中的态度和效果。

线下平时考核则侧重于学生在翻转课堂中的表现,包括讨论交流的活跃度、观点表达的清晰度、对知识的理解和应用能力等。此外,平时作业的完成情况也是评价学生线下学习成果的重要依据。

期末考试则采用标准化考试形式,通过客观题和主观题相结合的方式,全面检验学生对课程知识的掌握程度和综合运用能力。

这种多元化的考核方式不仅有助于促进学生自主学习,还能够帮助教师及时掌握学生的学习情况,为调整课程结构和教学策略提供有力依据。通过不断调整和优化考核方式,我们能够进一步提升学生的学习成果,实现教学质量的持续提升。

二、"环境工程原理"课程的混合模式教学

(一)"环境工程原理"教学实践中存的问题

"环境工程原理"作为环境科学与工程专业学生的专业基础课程,其重要性不言而喻。它不仅是学生从理论迈向实践的桥梁,更是他们日后在环境科学与工程领域深入发展的基石。然而,当前"环境工程原理"的教学实践中确实存在一些亟待解决的问题。

(1)教学内容往往偏重理论计算,这在一定程度上降低了学生的学习兴趣。过多的公式推导和计算让学生感到枯燥,难以从中体会到环境工程原理的实际应用价值。

(2)课程实践能力不足也是当前教学面临的一大挑战。虽然"环境工程原理"具有很强的实践性,但在实际教学中,往往由于实验条件有限或教学方法不当,导致学生无法充分锻炼实践能力。

(3)学生的学习能力在现有教学模式下难以得到充分展现。传统的教学方式往往注重知识的灌输,而忽视了对学生自主学习能力和创新能力的培养。

近年来,慕课和翻转课堂等新型教学模式的兴起,为"环境工程原理"的教学改革提供了新的思路。慕课利用互联网平台,实现了优质教学资源的共享,让学生可以随时随地学习,突破了时间和空间的限制。而翻转课堂则通过颠覆传统的教学流程,让学生在课前自主学习,课堂上进行深入的讨论和实践,从而充分发挥学生的主观能动性。

将慕课和翻转课堂应用于"环境工程原理"的教学中,不仅可以丰富

教学手段，提高学生的学习兴趣，还可以有效提升学生的实践能力和自主学习能力。同时，这种教学模式也有助于培养应用型人才，更好地满足社会对环境科学与工程领域人才的需求。

（二）慕课＋翻转课堂教学模式的构建与应用

将慕课资源与翻转课堂教学模式相结合，对于提升“环境工程原理”课程的教学效果具有重要意义。

（1）慕课线下学习，学生学习知识并提出问题。教师则可以通过网络教学平台查看每位学生的预习报告，了解他们的学习情况和掌握程度，并给出预习报告的分数。这部分分数可以占整体成绩的40%，以此激励学生认真对待预习环节，提高学习效果。

通过这种慕课与课堂教学相结合的方式，我们不仅可以提高学生的学习兴趣和主动性，还可以使课堂教学更加具有针对性和实效性。

（2）翻转课堂教学模式，提高学习主观能动性。在这个过程中，教师扮演着指导者的角色。他们不仅需要对学生的汇报内容进行指导，帮助学生深入理解章节内容，还需要对学生学习不到位之处进行现场指导，对汇报内容中的不足进行指正。通过这种方式，教师可以确保学生能够更好地掌握和应用所学知识。

翻转课堂的这种教学模式不仅有助于提高学生的学习兴趣和积极性，还能够培养他们的自主学习能力和解决问题的能力。同时，通过小组讨论和展示，学生还能够锻炼自己的沟通能力和团队协作能力。

翻转课堂环节的表现将占整体成绩的40%，这一评分机制的设置旨在激励学生积极参与课堂活动，认真准备和展示自己的学习成果。通过这样的评价方式，我们可以更全面地评估学生的学习效果，促进他们的全面发展。

（3）课后反思，利用多种学习手段巩固知识。为了全面评估学生的学习效果，课后练习也是不可或缺的一部分。课后练习应以课程内容为主导，旨在为后续课程和实践环节打好充足的基础。此部分分数占整体成绩的20%，以此激励学生认真对待课后学习，加深对知识点的理解和应用。

（三）“环境工程原理”教学改革思考

在翻转课堂上，教师与学生之间的互动变得更为频繁和深入，这不仅增强了学生的学习自主能动性，还使得课堂氛围更加活跃和富有成效。此外，我们还鼓励学生积极查阅环境工程原理相关的文献，了解业界的前沿知识。通过将最新的工程原理理论创新等研究成果融入每位同学的学习过程中，使得教学内容更加贴近实际，更加具有前瞻性和实用性。通过这一教学模式的实施，不仅能够培养学生的自主学习能力、实践能力和创新意识，还能够为他们未来的学习和工作奠定坚实的基础。因此，有理由相信，这一教学模式将在未来的工程原理教学中发挥越来越重要的作用。

（1）慕课教学资源选择与共享。慕课教学模式的出现，为传统教学与“互联网+”的深度融合提供了可能，实现了教学资源的广泛共享，满足了不同学习层次学生的个性化需求。

通过引入丰富多样的教学资源，可以极大地丰富工程原理的课堂教学内容，让学生在多样化的学习体验中得到全面培养，进一步提升他们的综合能力。

慕课教学模式的选用，更是打破了传统教学中时间和空间的限制，让学生可以在任何时间、任何地点进行学习，极大地拉近了学生接受知识的距离。这种教学模式真正实现了教学资源的共享，让优质的教育资源得以更广泛地传播和应用。

（2）翻转课堂的实际课堂演练。经过课前的学习资料学习，学生已经对工程原理有了初步的认识和理解。在此基础上，以“提出问题”的方式引导学生自发学习与思考，不仅能够激发学生的学习兴趣和主动性，还能够帮助学生更深入地理解和掌握工程原理的精髓。

在翻转课堂中，学生之间的解答和研讨也是非常重要的一环。通过相互交流和讨论，学生可以分享自己的学习心得和体会，同时也能够从不同的角度和层面去理解和解决问题。这种互动和合作的学习方式，不仅能够提高学生的学习效果，还能够培养学生的团队协作和沟通能力。

老师在翻转课堂中则扮演着辅助者的角色。老师需要根据学生的实际情况和反馈，进行纠错答疑和归纳总结，提炼出要点和难点，帮助学生更好地理解和掌握工程原理。同时，老师还需要引导学生深入思考和探究，培养学生的创新思维和实践能力。

此外，借助虚拟仿真实验资源，学生可以亲自动手操作原本实体实验教学中不易开展的项目。这种虚拟仿真的学习方式，不仅能够让学生更加直观地了解实验过程和原理，还能够提高学生的实践能力和解决问题的能力。

（3）形成新的环境工程原理教学改革模式，构建合理的教学考核体系。将慕课与翻转课堂引入工程原理的课堂教学中，是教育领域的一项创新举措。通过慕课的形式，能够共享最新、最优质的教学资源，打破地域限制，让每一位学生都能接触到前沿的工程原理知识。

在纯理论工程原理的教学过程中，引入虚拟仿真实验是一项重要的补充。虚拟仿真实验为学生提供了一个个性化和可视化操作化的学习平台，让学生在虚拟环境中进行实验操作，激发他们的实践创新能力。这种教学方式不仅丰富了教学内容，还提高了学生的学习兴趣和参与度。

通过这样的教学改革，不仅能够更好地评估学生的学习效果，还能够为学生提供更多展示自己才华的机会。同时，这也有助于我们培养出更多应用型和实践型人才，满足社会对工程原理人才的需求。

三、“环境评价”课程的混合模式教学

“环境评价”作为环境科学、工程等专业的重要主干课程，其地位不言而喻。它不仅是环境类专业学生知识体系中的核心组成部分，更是培养学生综合运用多学科知识解决实际环境问题能力的关键环节。

（一）“环境评价”课程面临的挑战和问题

尽管其重要性被广泛认可，但在实际的教学过程中，环境评价课程仍面临诸多挑战和问题。

（1）教材内容不能与时俱进。这种内容上的滞后性不可避免地导致学生在课堂上学习到的是一些已经过时或不再适用的知识。这不仅影响了学生对环境评价领域最新动态和进展的掌握，也可能对他们未来的职业发展和实际工作造成一定的困扰。

因此，为了提升“环境评价”课程的教学质量，确保学生能够接触到并学习到最新、最实用的知识，我们需要对教材内容进行及时的更新和修订。同时，教师也应积极关注环境评价领域的最新动态，灵活调整授课内容，将最新的政策、法规和标准融入教学中，使学生能够真正掌握环境评价的核心知识和技能。

（2）教学定位不准确。尽管一本环境评价教材或论著往往洋洋洒洒

几百页，其中不乏深入的理论探讨和方法解析，但关于具体的操作步骤和实用方法的描述却相对较少。在教学过程中，教师往往过于依赖教材的理论框架，而未能从培养学生的专业技术实践能力这一核心目标出发来组织教学内容。

这样的教学现状显然未能达到“环境评价”课程的教学目标，也无法满足社会对环境评价专业人才的需求。

因此，需要重新审视和调整“环境评价”课程的教学理念和教学方法，更加注重培养学生的实践能力和操作技能，使他们能够真正掌握环境评价的核心知识和技能，为未来的职业发展打下坚实的基础。

（3）教学模式太单一。在“环境评价”课程的教学实践中，不难发现，传统的讲授教学模式仍占据主导地位。尽管多媒体教学在一定程度上丰富了教学手段，但并未从根本上改变“传递—接受式”的单一教学模式。

随着科技的进步和教育理念的创新，微课、慕课、翻转课堂等新兴教学模式、方法和资源应运而生，为我国的教育改革注入了新的活力。这些新模式不仅改变了传统的教学方式，也为学生提供了更加多元化、个性化的学习体验。

针对“环境评价”课程教学中存在的问题，结合新兴教学模式的特点，著者尝试构建了“微课—慕课—翻转课堂”的立体教学模式。这一模式旨在通过微课和慕课的视频资源，让学生提前预习和复习课程内容，而在课堂上则通过翻转课堂的形式，引导学生进行深入的讨论和实践操作。这样不仅可以激发学生的学习兴趣和主动性，还能有效提升学生的实践能力和解决问题的能力。

通过实践应用，这一立体教学模式在“环境评价”课程教学中取得了显著的效果。学生的参与度明显提高，对课程内容的理解和掌握也更加深入。同时，这一模式也为高校课程教学改革提供了新的思路和参考。

（二）教学新方法、资源、模式的引入

（1）微课。随着多媒体技术的快速发展，微课的引入为传统教学方法带来了深刻的革新。它不仅能够突破时间和空间的限制，让学生随时随地进行学习，还能够通过丰富多样的教学资源激发学生的学习兴趣和积极性。同时，微课还能够促进教师之间的交流和合作，推动教学资源的共享和优化，为传统课堂注入新的生机和活力。因此，微课作为一种具有

显著优势和潜力的教学方法，值得在“环境评价”课程教学中进行深入探索和应用。通过构建基于微课的立体教学模式，可以更好地解决传统教学中存在的问题，提升教学质量和效果，培养出更多具备实践能力和创新精神的环境评价专业人才。

（2）慕课。慕课凭借其强大的“网络集结性”，彰显了网络课程的独特魅力，对教育领域产生了深远的影响。它突破了传统教育的时空限制，让知识传播不再局限于教室或特定的人群。更重要的是，慕课在很大程度上缓解了教育资源分配不均的问题，使得更多的人能够享受到优质的教育资源。此外，慕课还拓宽了知识的传播和接受途径，形成了一个庞大的受众群体。通过慕课平台，学生可以接触到来自世界各地的优秀教师和前沿知识，与全球的学习者共同交流、探讨，从而拓宽视野，提升综合素质。因此，慕课作为一种新兴的教学资源和方法，具有巨大的潜力和广阔的前景。

（3）翻转课堂。优势在于能够显著提升学习者的主观能动性。通过课前自学、课中讨论和课后反思等环节的设计，翻转课堂使得学习者能够更加主动地参与到学习过程中，积极思考和探索问题，从而培养自主学习和解决问题的能力。此外，翻转课堂还能够有效转变学习者的学习态度。传统课堂往往以教师为中心，学生处于被动接受的状态。而翻转课堂则强调学生的主体地位，鼓励他们积极参与课堂讨论、提出问题和分享见解，从而激发学习兴趣和动力，形成积极向上的学习态度。同时，翻转课堂还具有拓展学习者社交能力的特点。在翻转课堂中，学生之间的交流和合作变得更加频繁和深入，他们需要共同完成任务、解决问题，这有助于培养团队协作精神和沟通能力。通过与不同背景、不同观点的同学进行交流，学习者还能够拓宽视野，增强跨文化交流的能力。

（三）“微课—慕课—翻转课堂”立体教学模式的构建

（1）模式的总体框架。微课以其短小精悍的特点受到青睐，但其碎片化、不系统的缺点也不容忽视；慕课凭借其大规模开放在线的优势，为学习者提供了丰富的资源，然而过程难监控、学习效果难以保证的问题也亟待解决；翻转课堂则以其灵活互动的特点为课堂注入了新的活力，但教师在掌控课堂氛围方面面临的挑战也不容小觑。

通过这种模式，教学环节之间形成了师生相互影响、相互促进的良性互动。这种互动不仅体现在教师对学生的引导和启发上，也体现在学生对教师的反馈和建议上。这种“学—导”多元立体化互动的开放教学模式，有助于激发学生的学习兴趣和主动性，提升教学质量和效果。

此外，该模式还注重资源整合的多元化和课程讲授的多样化。通过整合微课、慕课等多种教学资源，为学生提供多样化的学习途径和方式；通过翻转课堂的灵活应用，使课堂讲授更加生动、有趣、具有启发性。

（2）模式的具体操作。“微课—慕课—翻转课堂”立体教学模式的内容框架确实包含了三个核心部分，它们共同构建了一个互动、多元、立体的学习环境，使得“环境评价”课程的教学更加生动、有效。

在制作微课视频时，教师需要精心准备微课脚本，明确知识点和教学类型，设计合理的教学内容和技术呈现方式。上传微课视频后，教师还需监测学生的学习进度，及时评估学习效果，并回应学生的疑问和咨询。这不仅需要教师具备扎实的专业知识，还需要他们熟练掌握现代教学技术，以便更好地引导学生自主学习。

课内讨论阶段，师生面对面交流，学生提出自己的困惑和建议，教师引导学生思考，形成良好的课堂氛围。案例分析环节则通过教师传授实践经验，使学生更加直观地了解环境评价的方法和技巧。自主探究和课外实践则进一步拓展了学生的学习空间，使他们能够在实践中深化对理论知识的理解。

此外，教师也要充分考虑学生的建议，不断优化自己的教学方法和微课内容。这种师生互动、生生互动的学习方式，不仅能够提高学生的学习兴趣和积极性，还能够培养他们的团队协作精神和创新能力。

（四）教学模式在“环境评价”课程中的应用

（1）“微课”模块的应用。微课视频的制作无疑是一项既需要艺术又需要技术的任务，特别是在内容繁杂、时间紧凑的情况下。如何在短短的15~20分钟内，将教学重点凝练并融入实践经验和考试要求，同时保持与课程大纲的一致性，确实是对教师能力的极大考验。

微课视频的制作必须源于课本但高于课本，这意味着教师不仅要深入理解教材，还要能够将其中的知识点进行提炼和升华。例如，在“工程分析”章节中，通过拍摄实际生产过程或制作工艺流程动画，可以直观、形象地展示污染源的产生和处理过程，帮助学生更好地理解抽象的文字描述。这种方式不仅能够激发学生的学习兴趣，还能够加深他们对知识点的记忆和理解。

典型案例分析是微课视频制作的另一个重要方向。通过引入真实的案例,教师可以让学生更加深入地了解环境评价的实际应用。

此外,教师在制作微课视频时还需要注意以下几点：一是要确保视频内容精练、重点突出,避免冗长和烦琐；二是要注重视频的视觉效果和听觉效果,使其更加生动、有趣；三是要考虑学生的学习需求和兴趣点,使视频内容更加贴近实际、易于理解。

（2）"慕课"模块的应用。慕课作为一种新型的教学资源,尽管存在着过程难监控、质量难保证的挑战,但其在教学上的优势仍然不容忽视。特别是对于"环境评价"这样的专业课程,慕课资源的建设显得尤为重要。

当前,国内高校在慕课资源的建设上存在明显的不平衡。像"大学英语""高等数学"等基础课程的慕课资源相对丰富,而"环境评价"这类专业课程的慕课资源却相对匮乏。这种现状不仅限制了学生获取优质学习资源的途径,也制约了"环境评价"课程教学的创新与发展。

为了改变这一现状,国家应出台相关政策,鼓励各高校积极申报和建设"环境评价"慕课课程。同时,各校也应给予任课教师充分的支持和保障,让他们在微课的基础上大力发展慕课,增加对"环境评价"课程的优质慕课教学资源的开发。

不同教师对"环境评价"课程中重难点的不同解释和理解方式、典型的案例分析、生动的视频材料等,都是宝贵的教学资源。通过慕课的形式将这些资源整合起来,必将极大地丰富"环境评价"课程的教学内容,开阔师生的眼界。这种百家争鸣、百花齐放的教学氛围,有助于形成"环境评价"课程的"百家讲坛",推动该课程的教学水平不断提升。

此外,慕课的建设还应注重与产业的结合。可以邀请环评行业的专家和企业代表参与到慕课课程的设计和建设中来,将最新的行业动态和技术成果引入到教学中,使课程内容更加贴近实际、更具实用性。

（3）"翻转课堂"模块的应用。传统教育的确存在一些问题,其中最为人诟病的就是其无法真正做到因材施教。每个学生的学习能力和知识吸收速度都是不同的,他们看待问题和思考的方式也各有特色。然而,传统教育往往采用一刀切的教学方法,无法充分满足学生的个性化需求。

翻转课堂的出现,无疑为这一问题的解决提供了新的思路。它不仅仅是授课地点的转变,更重要的是它颠覆了传统的教学地位。教师在这个过程中,更多地扮演了助教的角色,帮助学生解答疑惑,引导他们进行自主思考。

对于"环境评价"这样的课程来说,翻转课堂的优势更加明显。由于该课程涉及大量的实践内容,翻转课堂能够为学生提供更多的实践机会。

学生在看完视频后，可以参与到实际的环评工作中，比如，参观相关企业，进行污染源调查等。这样的实践活动不仅能够使教学内容更加具体、生动，还能激发学生的学习兴趣，提高他们的学习效率。

此外，通过实践活动，学生还能更加深入地理解环评报告与实际生产之间的关系，发现其中的问题并提出解决方案。同时，他们还能在实践中记录下自己的疑虑和困惑，然后在课堂上与老师进行深入的沟通和讨论。这样的教学模式不仅有利于培养学生的创新能力，还能帮助教师实现个性化教学，真正达到因材施教的目的。

因此，我们应该充分利用翻转课堂的优势，将其与现场实践相结合，为“环境评价”课程的教学改革提供新的思路和方法。同时，我们还应不断探索和完善这种教学模式，使其能够更好地满足学生的需求，提高教学质量。

（4）三大模块的有机结合应用。微课、慕课与翻转课堂在教学领域中各自扮演着重要的角色，它们之间的关系是相辅相成、互为补充的。

微课以其短小精悍的特点，将知识点进行高度浓缩和精练，使学生在短时间内快速掌握关键信息。它的产生极大地改变了传统的授课方式，使得学习变得更加灵活和高效。同时，微课也为翻转课堂提供了丰富的教学资源，让学生在课前进行自主学习，为课堂上的深入讨论和互动打下基础。

慕课则是一种大规模网络开放课程，它的发展壮大拓宽了传统的知识传播渠道。慕课通过网络平台，将优质的教育资源开放给更多人，实现了教育资源的共享和优化配置。慕课与微课的结合，可以为学生提供更加丰富和多样的学习内容，满足他们个性化的学习需求。

翻转课堂则是一种颠覆传统课堂的教学模式。它将原本在课堂上的知识传授环节转移到课前，让学生通过微课、慕课等形式进行自主学习；而在课堂上，则更加注重问题的解决、实践操作和互动交流。翻转课堂的实施离不开微课和慕课的支持，它们为翻转课堂提供了必要的教学资源和条件。

因此，微课、慕课和翻转课堂应该系统地使用，而不是单独地孤立使用。它们在教学中的具体应用可以形成一个立体的教学模式：课前，学生利用微课和慕课进行自主学习；课中，教师在翻转课堂的环境下引导学生进行深入的讨论和实践；课后，学生可以通过微课和慕课进行复习和拓展学习。这样的教学模式不仅能够提高学生的学习效率和质量，还能够培养他们的自主学习能力和创新精神。

(四)模式的教学效果评估

“微课—慕课—翻转课堂”立体教学模式的教学效果评估与学生学习效果考核确实是一大难点。由于学习过程主要发生在课外,这增加了对过程的监控难度,难以保证每位学生的学习质量。这种模式对学生的自主学习能力、自律性和积极性都提出了较高要求。若学生未能认真观看视频、深入思考,那么其学习效果很可能无法达到预期,甚至可能低于传统教学模式。

为了确保教学效果,我们需要采取多种考核方式相结合的策略。

(1)反馈问题是考核的一个重要方面。学生是否认真观看视频、进行思考,可以通过他们向老师反馈问题的频率和深度来直接体现。对于积极提问、问题质量高的学生,应给予正面评价和激励。

(2)课堂讨论中的参与性和积极性也是考核的重点。翻转课堂的意义在于激发学生的主动性和参与性,使课堂成为师生交流、思想碰撞的平台。

(3)环评报告编制的实践工作可以作为教学的终极考核和教学质量评估的重要方式。通过实际操作,教师可以评估学生对知识的理解和应用能力,以及团队协作能力。在编制过程中,教师应提供必要的指导和支持,确保学生能够顺利完成报告。在评审阶段,教师应以环评专家的身份对学生的报告进行客观、公正的评分,并提出有针对性的修改意见,帮助学生进一步提升能力。

通过这种综合性的考核方式,可以更全面地评估“微课—慕课—翻转课堂”立体教学模式的教学效果,确保教学质量,同时为社会输送更多实用型人才。

四、“环境化学”课程的混合模式教学

(一)“环境化学”传统课程教学中存在的主要问题

传统的“环境化学”课程存在以下几个主要问题。

(1)教学内容多、学时有限,教学方式单一、教学效果差。针对农业资源与环境专业本科生在“环境化学”课程学习中遇到的问题,可以从多

个方面进行分析和提出解决方案。

目前选用的教材“环境化学”虽然内容丰富，覆盖面广，但学时有限，导致教师难以全面讲解，学生也难以充分预习和复习。因此，建议教师在课前对教材内容进行精选和整合，突出重点和难点，确保在有限的学时内传授最核心的知识。同时，可以引导学生利用课余时间进行自主学习，通过推荐相关的学习资料或建立在线学习平台，帮助学生巩固和拓展知识点。

目前的教学方式过于单一，以教师为中心，缺乏互动和实践环节，导致学生被动学习，难以真正理解和掌握知识。因此，建议教师采用多种教学方法相结合的策略，如引入案例教学、小组讨论、实践操作等，激发学生的学习兴趣和主动性。通过引导学生积极参与课堂讨论和实践操作，帮助他们加深对知识的理解和掌握，提高解决实际问题的能力。

此外，针对课程考试知识点多、难度大的问题，教师可以优化考核方式，注重过程评价和能力评价。通过设置多样化的考核环节，如课堂表现、小组讨论、实践操作、期中考试等，全面评价学生的学习成果和能力水平。同时，可以适当降低期末考试的难度和比重，减轻学生的考试压力，让他们更加注重平时的学习和实践。

最后，为了提高教学效果和促进学生的全面发展，还可以加强与其他相关课程的联系和融合。通过与其他课程教师进行交流和合作，共同设计跨课程的综合性项目或实践活动，让学生在实践中综合运用所学知识，提高解决实际问题的能力。同时，也可以邀请相关领域的专家或学者举办讲座或交流活动，拓宽学生的视野和知识面。

（2）课堂乏味，学生积极性不高，自主学习能力差。针对“环境化学”课程教学中存在的这些问题，可以从以下几个方面进行改进。

教师应避免将课本内容直接复制到PPT上，而是要对知识进行提炼和整理，突出重点和难点。同时，可以利用图表、动画、视频等多媒体元素，使抽象枯燥的内容变得生动形象，提高学生的学习兴趣和积极性。

教师应注重与学生的互动，鼓励学生提问和发表观点，及时解答学生的疑惑。可以通过小组讨论、案例分析等方式，引导学生积极参与课堂讨论，提高课堂参与度。

此外，调整考核方式，注重过程评价。可以适当降低期末考试成绩的比重，增加平时成绩、课堂表现、实践操作等考核环节的比重。这样可以引导学生注重平时的学习和实践，避免临时抱佛脚和突击式学习。

同时，引导学生自主学习和复习。教师可以通过布置课后作业、推荐学习资料等方式，引导学生利用课余时间进行自主学习和复习。可以建立在线学习平台或学习群，提供学习资源和答疑服务，方便学生随时随地进行学习。

最后，提升教师综合素质和教学能力。教师应不断更新知识体系，关注环境化学领域的最新研究进展，提高自身的专业素养和教学能力。可以参加教学研讨会、培训课程等，学习先进的教学理念和教学方法，提升教学质量和效果。

（二）“环境化学”课程混合式教学实践

“环境化学”课程混合式教学有助于改善传统课堂的弊端，提高学生的自主学习能力和学习效果。然而，在实践过程中也发现了一些问题和挑战，需要进一步改进和完善。

混合式教学对网络和设备的要求较高，特别是在经济欠发达的西部地区，网络速度和智能手机的质量可能成为影响教学体验感的因素。为了解决这个问题，可以考虑在校园内优化网络环境，提供稳定的网络连接，并鼓励学生使用性能良好的手机或其他设备参与教学。

虽然平台提供了大量的慕课视频资源，但这些资源可能缺乏针对性，不能完全满足所有课堂教学需求。因此，教师需要花费更多时间和精力来设计和制作符合自己教学需求的预习资料、课件、习题等教学资源。为了减轻教师的负担，可以建立教学资源共享平台，让教师们能够共享和借鉴彼此的教学资源，提高教学效率。

此外，混合式教学要求学生具备较强的自觉和自控能力，但在线上学习过程中，教师无法面对面监督学生的学习情况，这可能导致监督不力的问题。为了解决这个问题，可以建立完善的线上学习监督机制，如设置学习进度提醒、作业提交截止时间等，同时鼓励学生之间互相监督和帮助，形成良好的学习氛围。

最后，虽然混合式教学在“环境化学”课程中取得了不错的效果，但仍需不断探索和完善。教师可以根据教学实践中的反馈和问题，不断调整和优化教学内容和教学方式，提高教学效果和质量。

五、“环境微生物实验”课程的混合模式教学

尽管混合教学模式在理论课程教学中得到了广泛应用和验证，但在

实验类课程中的实践和经验相对较少。实验教学作为高等教育的重要组成部分，对于学生动手能力、科学思维的培养具有至关重要的作用。因此，探索和实践实验课程的混合式教学改革显得尤为重要。

（一）混合教学课程网站设计

混合教学设计需要紧密结合课程的这些特点，以确保学生能够全面而深入地掌握相关知识与技能。

在“课程信息”专栏中，应包括课程介绍、教学大纲、教学日历和考核说明等子栏目。这些信息有助于学生对环境微生物实验课程有一个整体的认识，明确学习目标和学习内容，了解课程的进度安排和考核方式。

“实验教学”专栏是混合教学设计的核心部分。该专栏下应以实验项目作为子栏目，每个实验项目都应包含详细的实验内容，如学习目标、实验导学、实验原理、实验操作、预期结果及常见问题等。这样的设计有助于学生深入了解每个实验的目的、原理和方法，掌握实验操作的要点和技巧，提高实验的成功率。

“操作技术”专栏则主要关注微生物的基本操作技术。这些技术可以通过微视频的形式呈现，使学生能够直观、形象地学习和掌握这些技能。操作技术的掌握程度对于实验的成败至关重要，因此这一专栏的内容需要精心设计和制作，确保学生能够熟练掌握相关技能。

“拓展资源”专栏旨在拓宽学生的知识面和视野。该专栏可以包括与实验相关的理论知识、相关仪器的操作技术、环境污染的微生物修复技术等内容。这些资源的提供有助于学生对实验内容进行深度理解和知识的建构，提升他们的专业素养和实践能力。

“实训案例”专栏以具体的环境问题为依托，设计综合性实验项目。通过这些项目，学生可以运用所学的环境微生物实验技术解决具体环境问题，从而提升他们的实践技能和解决问题的能力。这种案例式的教学方式有助于激发学生的学习兴趣和积极性，促进他们的主动学习和深度学习。

（二）混合教学过程

混合教学的基本过程是由“线上—线下—线上”的有机结合构成，这种教学模式充分利用了在线学习与面授教学的优势,为环境微生物实验课程的学习提供了高效而全面的支持。

教师在这个过程中需要及时进行线上学习的指导、引导和监督,确保学生的学习进度和质量。通过在线交流和讨论,教师可以及时解答学生的疑问,提供个性化的学习建议,帮助学生更好地掌握实验相关知识和操作技能。

进入"线下"面授阶段,学生需要在实验室进行具体的实验操作。这一阶段以实验动手操作为主,教师会进行个性化的指导,帮助学生解决在实验过程中遇到的问题。通过面对面的交流和指导,学生可以更直观地了解实验过程,更深入地掌握实验技能。

通过深层次的讨论和自测,学生可以对自己的学习成果进行检验和总结,同时也可以从其他同学和教师的反馈中获得更多的启示和指导。教师在这个阶段需要进行引导、评价和总结,帮助学生完成知识的内化和建构过程。

通过这种混合教学的模式,学生可以在线上和线下两个环境中充分发挥自己的优势,实现深度学习和知识的内化。同时,教师也可以根据学生的实际情况和学习需求进行个性化的教学指导,提高教学效果和质量。

(1)学习目标。学习目标是课程教学的核心导航,它为学生指明了学习的方向,使学习过程更加有的放矢,同时也为教师提供了教学指导和评估的依据。在环境微生物实验课程中,针对每个实验/实训项目制定清晰、明确的具体目标至关重要。

以培养基的制备实验为例,教师需要制定与实验内容紧密相关的具体学习目标。这些目标应该涵盖培养基的基础知识、制备技能以及相关的微生物学原理。通过制定这样的目标,教师可以有效地引领学生的学习方向,确保学生能够全面而深入地掌握培养基制备的相关知识和技能。

于学生而言,围绕学习目标完成相关知识的学习是实现学习目标的关键。学生需要仔细研读学习目标,了解每个目标的具体要求,然后有针对性地进行自主学习。在培养基制备实验的学习中,学生应该自主学习培养基的成分、作用、类型以及制备过程中的注意事项等基础知识。同时,学生还需要通过实验操作,掌握培养基的配制、灭菌以及试管斜面和平板培养基的制备等技能。

学习目标的制定不仅关乎教学目标的实现程度,更关系到学生能力的培养和提升。通过制定明确的学习目标,教师可以帮助学生建立系统的知识体系，提升学生的实践能力和创新能力。同时，学习目标的达成也是对学生学习效果的有效评估，有助于教师了解学生的学习状况，及时调整教学策略，提高教学效果。

因此，在环境微生物实验课程中，教师应充分重视学习目标的制定，确保每个实验 / 实训项目都有明确、具体的学习目标，以引领学生的学习方向，促进学生的全面发展。

（2）教学资源。教学资源的分类与设计在环境微生物实验课程中起到了至关重要的作用。基本资源和扩展资源的划分，有助于学生循序渐进地掌握知识，从基础到深入，形成系统的学习体系。

基本资源，作为学生必须掌握的核心内容，包含了实验教学中的具体实验内容和操作技术专栏下的基本操作技能。这些资源构成了学生学习的基石，为他们后续的学习提供了坚实的基础。

在教学资源的设计过程中，我们需要充分考虑学生的认知特点和信息加工规律。通过将丰富的教学资源进行优化、设计和编排，形成具有层次性、内在逻辑性的片段式学习资源，可以帮助学生更好地理解和掌握知识。同时，实验情景的创设也是教学资源设计中不可或缺的一部分。例如，在平板向试管斜面的接种操作过程中，通过将操作过程分解为不同阶段，提炼出每个阶段的操作细节，并配以实验操作录像和讲解，可以帮助学生更直观地理解和掌握操作技巧。

（3）“线上”教和学。线上教学的目的确实在于使学生在进入实验室之前对实验内容有全面而深入的认识和理解。这种教学模式赋予了学生更大的灵活性和自主性，允许他们根据自己的节奏和进度进行学习。同时，线上教学也为师生之间的交流互动提供了更多机会，有助于促进学生对知识的深度理解和应用。①

在学生的线上自学阶段，他们可以自由选择时间和地点进行学习，充分利用碎片化的时间，提高学习效率。通过自学，学生可以初步掌握实验的基本知识和技能，对实验原理和操作过程有大致的了解。对于没有理解或有疑问的知识点，学生可以利用平台的教学互动功能，与同学或老师进行讨论和交流。这种互动不仅有助于解决学生的疑惑，还能激发他们的创新思维和批判性思维。

教师在学生的自学阶段扮演着重要的角色。他们需要指导学生如何完成学习目标，确保学生按照正确的方向进行学习。同时，教师还需要利用平台的教学互动功能，引导学生对疑难问题进行讨论和分析，或者发布

① 高冬梅，张民生．基于混合教学模式的环境微生物实验课程建设[J]．实验科学与技术，2018，16（6）：5.

适当的讨论主题，促进学生对实验重点、难点或操作细节问题的深入探讨。通过这种方式，教师可以帮助学生实现由低级思维向高级思维的转化，提升他们的思维能力和问题解决能力。

以水产养殖废水处理实验为例，教师在学生自学的基础上，可以发布讨论话题，引导学生分析各种氮污染物在微生物作用下的转化过程。这种讨论不仅有助于加深对实验原理的理解，还能帮助学生构建完整的知识体系，为后续的实验操作打下坚实的基础。

最后，教师需要汇总学生的线上学习情况，总结出共性问题及个别问题，为线下面授教学做好准备。通过这种方式，教师可以更加有针对性地进行线下教学，解决学生在自学过程中遇到的困难和问题，确保学生能够顺利地进行实验操作并达到预期的学习目标。

（4）“线下”面授。在线下面授教学过程中，学生的主要任务是动手完成整个实验操作过程，而教师则扮演着个性化指导者和实验操作问题分析者的角色。

学生进入实验室后，教师需要首先针对学生在自学阶段遇到的共性问题进行统一讲解、分析或操作演示。这一步骤旨在确保学生在实验操作前对关键问题和难点有清晰的认识，为后续的分组实验打下坚实的基础。

随后，学生将分组完成整个实验操作过程。在这个过程中，教师需要根据学生在“线上”学习的情况进行个性化指导。这意味着教师需要关注每个学生的操作过程，发现他们可能存在的问题，并及时给予纠正和解决。通过这种方式，教师能够确保每个学生都能在实验过程中得到充分的帮助和指导，从而提高实验教学的效果。

在实验操作完成后，教师还会组织学生进行实验结果的展示和结果互评。这一环节不仅有助于学生了解其他同学的实验成果，还能促进他们之间的交流和学习。同时，教师也会对操作中存在的问题进行讲解和分析，帮助学生更好地理解实验原理和操作技巧。

（5）“线上”反馈。实验操作完成后，学生对于实验内容的理解将达到一个全新的高度，因为通过亲自动手实践，他们获得了更直观、更深入的认识。在这个阶段，教师的作用尤为关键，他们需要巧妙地设计后续的教学活动，以帮助学生进一步深化对实验内容的理解。

教师可以提出相关的话题或设计专门的试题，引导学生对实验中的关键问题进行深度剖析。这不仅是对学生实验操作能力的检验，更是对他们思维能力和问题解决能力的锻炼。例如，在地表水的微生物状况分析及评价实验结束后，教师可以要求学生绘制出肠杆菌科、总大肠菌群、耐热大肠菌群、大肠埃希氏菌的关系图。这样的任务不仅要求学生掌握这些微生物的基本特性，还需要他们理解微生物之间的内在联系和区别，从而加深对实验内容的理解。另外，教师还可以利用在线自测系统，让学生完成一系列与实验内容相关的题目，以检验他们的学习效果。在线自测具有便捷、高效的特点，能够让学生在短时间内对自己的学习成果进行客观评估。同时，教师也可以通过分析学生的自测结果，了解他们对实验内容的掌握情况，为后续的教学调整提供依据。

学生对讨论话题进行发言和完成在线自测后，教师需要对学生的表现进行及时的信息反馈。这包括对学生发言质量的评价、对自测结果的分析以及对实验内容的总结等。通过信息反馈，学生可以了解自己的优点和不足，从而有针对性地改进学习方法，提高学习效果。同时，教师也可以根据学生的反馈情况，调整教学策略，使实验教学更加符合学生的实际需求。

教师还需要引导学生完成实验反思及知识内化过程。这包括让学生回顾实验过程、总结实践经验、思考实验中存在的问题以及提出改进方案等。通过反思和内化，学生可以将所学的知识和技能真正转化为自己的能力和素质，为未来的学习和工作打下坚实的基础。

（三）混合教学实践及问题分析

（1）学生的自主学习意识和自主学习能力较差。

传统教学模式和学习习惯往往使学生对教师产生较高的依赖心理，这在一定程度上限制了学生独立思考和协作学习的主动性。

教师可以通过线上线下的方式，定期与学生进行互动，了解他们在自学过程中遇到的困难和问题，并及时给予解答和指导。这不仅能够帮助学生解决具体的学习难题，还能够增强他们的学习信心，激发学习兴趣。

通过将线上学习成果与课程成绩挂钩，可以使学生更加重视线上学习环节，积极参与线上讨论、提交作业和完成测试。这种考核方式能够激发学生的自主学习动机，使他们更加主动地投入到学习中。

教师可以通过设计富有挑战性和启发性的学习任务，引导学生进行深入思考和协作学习。例如，可以组织学生进行小组讨论，让他们围绕某个实验问题展开深入探究；或者布置一些综合性实验项目，要求学生通过团队协作完成。这些任务能够帮助学生培养独立思考和协作学习的能力，促进他们全面发展。

此外，为了培养学生的自主学习能力，教师还需要注重培养学生的学习策略和方法。可以通过开设学习指导课程或工作坊，向学生传授有效的学习方法和技巧；还可以鼓励学生制定个人学习计划，培养他们的时间管理和自我监控能力。

（2）教学评价体系不合理。教学评价在环境微生物实验课程中起着至关重要的作用，它不仅是衡量学生学习成果的标准，更是促进学生学习能力发展的关键手段。然而，目前的教学评价体系在一定程度上存在着拷贝、抄袭等问题，这与课程的培养目标——提升学生的环境微生物实验技能存在偏差。因此，建立与能力培养目标相配套的评价体系显得尤为迫切。

教师可以要求学生详细记录实验步骤、观察到的现象以及自己的思考过程，以此减少拷贝和抄袭的可能性。同时，教师可以设置一些开放性的问题，引导学生对实验结果进行深入分析，从而培养学生的独立思考能力。

利用多媒体技术制作试题是一个很好的尝试，它可以更加直观地展示实验操作和现象，有助于学生更好地理解和掌握实验技能。同时，试题应包含一些能够体现学生问题分析能力的题目，例如，案例分析、故障排除等，以检验学生是否能够将所学知识应用于实际问题中。

教师可以鼓励学生积极参与课堂讨论，提出自己的见解和疑问，以此培养学生的沟通能力和协作精神。对于在讨论中表现出色的学生，教师可以给予适当的加分或奖励，以激发学生的参与热情。

此外，为了更全面地评价学生的学习成果，教师还可以考虑将其他因素纳入评价体系，如学生的实验态度、团队协作能力、创新能力等。这些因素虽然难以用具体的分数来衡量，但它们同样是衡量学生实验技能和能力的重要方面。

（3）没有充分发挥在线讨论区的功能。在线讨论作为混合式教学的重要组成部分，在促进学生协作学习和深度学习方面发挥着不可替代的作用。然而，当前教学实践中确实存在一些问题，如学生讨论的内容过于局限、对讨论话题的深入度不够等。

学生知识面狭窄是导致讨论不够深入的主要原因之一。环境微生物实验知识涉及多个领域，需要学生具备扎实的理论基础和广泛的知识储备。因此，我们应该丰富教学资源，特别是拓展资源，如提供相关的学术文献、案例分析、实验视频等，帮助学生建立系统完整的知识体系。

教师在讨论过程中应发挥积极的引导和监督作用。教师可以提前设定讨论话题，确保话题具有一定的深度和广度，能够引发学生的深入思考。同时,在讨论过程中,教师应及时回应学生的疑问,提供必要的指导和建议,帮助学生深化对问题的理解。此外,教师还可以通过提问、点评等方式,激发学生的讨论热情,引导他们从多个角度思考问题。

为了促使学生更加积极主动地参与讨论,我们可以制定适当的激励机制。例如,可以将学生的在线讨论表现纳入课程考核体系,对表现优秀的学生给予加分或奖励;同时,也可以设立一些讨论小组或团队,鼓励学生之间的合作与交流,共同解决问题。

(4)自主学习时间受到限制。混合式教学为学生提供了更加灵活和个性化的学习方式,有助于他们系统地建构实验知识、掌握实验技能,并在此过程中培养自学能力和科研思维。然而,实施混合式教学也面临着一些挑战,如学生时间安排紧张、学习负担重等问题,这些问题可能导致学生产生厌倦情绪,影响学习效果。

为了解决这些问题,学校教务部门正在进行新的教学计划调整,旨在为混合式教学模式的推广和应用创造更好的环境条件。同时,教师也应积极探索适合混合式教学的教学策略,如设计更具吸引力的教学资源、优化在线学习平台的功能和界面、加强与学生的沟通和互动等,以激发学生的学习兴趣和积极性。

在混合式教学实践中,还需要关注过渡阶段的每个实践细节,确保学生能够顺利地从传统教学方式过渡到混合式教学。这包括帮助学生适应新的学习方式、提供必要的学习支持和指导、建立有效的学习评价和反馈机制等。

六、“环境毒理学”课程的混合模式教学

环境科学作为一门涉及多个领域的综合性学科,其跨学科发展尤为重要。然而,目前环境科学领域的教学与科研之间尚未形成有效的协同机制,导致教学和科研之间存在一定的脱节。为了推动环境科学的跨学科发展,必须从形式上的合作转到实质上的融合,从表层的联合转到深层的协同,实现科研和教学的协同整合。环境毒理学和环境健康科学作为环境科学的重要分支,其发展问题日益复杂,需要不断探索新的教学理念和方法。

环境毒理学系列课程作为环境科学的核心课程集群,其教学改革和课程建设具有重要的示范意义。通过以学生为中心组织教学,结合翻转课堂、虚拟仿真学习等互动教学方式,可以有效培养学生的创新性思维和实践能力。

（一）多元互动混合教学模式

（1）实验教学模式的改革。为了克服当前实验教学模式的弊端，可以引入以下几种改革措施。

互动式实验教学。鼓励学生参与实验设计，让他们在教师的指导下，自主确定实验方案、选择实验材料和方法。这样可以增加学生的参与感和责任感，提高他们的学习积极性。

问题导向学习。在实验开始前，教师可以提出一些与实验内容相关的问题，引导学生带着问题进行实验。实验结束后，再组织学生进行讨论和总结，帮助他们深入理解实验原理和应用。

利用现代教学技术。引入虚拟仿真实验系统，让学生在计算机上进行模拟实验。这种方式不仅可以弥补实验设备不足的问题，还可以让学生随时随地进行实验学习，提高他们的学习效率和兴趣。

（2）教学内容的优化与整合。针对环境毒理学课程内容多而杂的问题，可以从以下几个方面进行优化与整合。

精选教学内容。根据学科发展趋势和实际需求，精选出最具代表性和实用性的教学内容。同时，注重与其他相关学科的衔接和融合，形成完整的知识体系。

模块化教学。将课程内容划分为若干个模块，每个模块围绕一个主题展开。每个模块结束后，可以进行小结和测试，帮助学生巩固所学知识。

引入案例教学。结合实际案例，将理论知识与实际应用相结合。通过案例分析，让学生深入了解环境毒理学的实际应用价值和意义。

（3）教学方法的创新。针对污染物分子结构复杂、生物靶向目标构象立体化的问题，可以采取以下创新教学方法。

利用可视化工具。利用三维动画、分子模型等可视化工具，将复杂的分子结构和生物靶向目标构象直观地呈现出来，这样可以帮助学生更好地理解相关概念，提高他们的学习兴趣和效果。

开展探究式学习。引导学生主动探索污染物的作用机理和毒性效应，鼓励他们提出自己的见解和假设。通过查阅资料、进行实验等方式，验证自己的假设，培养学生的创新思维和实践能力。

组织跨学科合作。与其他学科如化学、生物学、医学等进行跨学科合作，共同开展研究项目或实验。通过这种方式，可以让学生更全面地了解环境毒理学的相关知识，拓宽他们的视野和思维。

（二）多元互动混合教学模式的理念与目标

在探索建立拔尖创新人才培养机制的过程中，环境毒理学系列课程作为环境科学领域的核心课程集群，扮演着至关重要的角色。这些课程不仅为学生提供了深入理解环境污染物对人体健康影响的机会，还培养了他们在面对复杂环境问题时的创新思维和解决问题的能力。然而，随着污染物传输媒介的日益多元化，剂量效应计算的复杂性不断增加，以及污染物分子结构的深奥性，传统的教学课程体系已难以满足当前的教学需求。因此，迫切需要对传统的教学课程体系进行新变革，以适应新的挑战和机遇。

针对污染物传输媒介的多元化，需要在教学中引入更多实际案例和模拟实验。通过让学生分析不同媒介下污染物的传输路径和规律，他们可以更直观地理解污染物的扩散和转化过程，从而加深对环境毒理学原理的掌握。

针对剂量效应计算的复杂性，可以采用先进的教学方法和手段。例如，利用计算机模拟技术来模拟不同剂量下的污染物对人体健康的影响，让学生在实际操作中掌握剂量效应计算的方法和技巧。同时，还可以结合大数据分析，让学生了解污染物剂量与人体健康之间的关联性和规律性。

针对污染物分子结构的复杂性，可以加强与其他学科的合作与交流。通过与化学、生物学等相关学科的交叉融合，可以更深入地探究污染物的分子结构和作用机制，为学生提供更全面的知识背景和视野。

除了上述具体的教学改革措施外，还应注重培养学生的创新思维和实践能力。可以鼓励学生参与科研项目和实践活动，让他们在实践中发现问题、解决问题，从而培养创新精神和实践能力。同时，还应建立多元化的评价体系，注重对学生学习过程和学习成果的全面评价，以激发学生的学习积极性和主动性。

（三）多元互动混合教学模式的实施

（1）以学生发展为中心形成线上线下多元教学模式。以学生发展为中心，需要对传统的教学方式进行深刻的改革。在环境毒理学系列课程中，不再单纯依赖老师的讲授，而是更多地引导学生参与项目任务，以此调动学生的主观能动性和积极性。这样的教学方式不仅有助于提高学生的学习兴趣,更能培养他们的实践能力和创新思维。

为了实现这一目标,可以构建线上虚拟仿真实验、慕课教学与线下传统教学、翻转课堂、线下实验、课后辅导等多元教学模式。这种模式能够充分利用线上和线下的教学资源,形成优势互补,从而更有效地促进学生的全面发展。

在线下学习中,注重知识点的传授和解析,通过教师的引导和学生的互动,开启学生的内在潜力和学习动力。而在线上学习中,我们则利用虚拟仿真实验和慕课等教学资源,让学生可以自主地进行实验操作和学习,从而强化现代信息技术与教育教学的深度融合。

同时,要避免信息技术应用的简单化和形式化,真正将技术融入教学中,使其发挥出最大的作用。通过互动学习,可以激发学生的内在潜力和学习动力,不断完善虚拟实验的知识库和数据库,为学生的学习提供更为丰富和深入的资源。

在实施这一教学模式时,可以安排 6 ~ 8 课时的教学时间,让学生在线上自主学习"环境毒理学虚拟仿真实验"和"环境与健康"慕课。这样,学生可以在课前对相关知识进行预习,对难点和重点进行有针对性的学习。然后,在线下的面授课程中,教师可以结合学生的线上学习情况,进行更为深入和具体的讲解和讨论。通过翻转课堂和混合式教学的方式,可以实现线上线下的有机结合,提高教学效果和学生的学习体验。

(2)课程中开展 Aermod、Calpuff、Fluent 等计算软件的学习和计算操作。科研反哺教学是一种有效的教学模式,它能够将科研的最新成果和前沿知识引入课堂,使教学内容更加贴近实际,更具深度和广度。在环境毒理学系列课程中,结合课题组承担的国家重点研发课题,将科研成果融入教学,不仅可以丰富教学内容,还可以激发学生的学习兴趣和探究欲望。

从环境污染、环境生物富集、人体健康剂量关系的模型化计算和病理毒理机制等方面重点论述有机毒物和重金属的环境风险,是环境毒理学教学的重要内容。通过模型计算和毒理机制为主要线索通贯课程,可以帮助学生深入理解环境污染物在环境中的迁移、转化和生物富集过程,以及对人体健康的潜在影响。

在科研反哺教学的实践中,可以结合地形地貌数据,对典型铅锌冶炼场地和周边土地利用情况进行精细化实地勘察。利用区域气象模式和计算流体力学方法,模拟场地及周边近地面污染物的扩散与传输行为,预测大气沉降通量。通过与实测数据的校验,优化计算参数,构建大气沉降模型。这些科研方法和成果可以引入课堂，让学生了解并掌握环境污染物在大气中的迁移转化规律。

通过科研反哺教学，学生不仅能够学习到环境毒理学的理论知识，还能够了解并掌握相关的科研方法和技能。这种教学模式有助于培养学生的创新精神和实践能力，为他们未来的科研和职业发展打下坚实的基础。

（3）课程中开展 Gaussian 和 Dmol 等分子计算软件的学习和计算操作。科研反哺教学在结合课题组承担的国家自然科学基金课题时，展现出了其独特的优势和价值。通过采用 Gaussian 和 Dmol 等分子计算模拟软件，可以精确地计算污染物的多种分子结构和特性参数，从而更深入地了解污染物的性质和行为。

结合分子动力学方法，科研人员能够模拟污染物与生物大分子的结合和变构过程，从生物学的角度揭示污染物对人体健康的潜在影响。这种跨学科的研究方法不仅有助于加深学生对环境污染致病过程的理解，还能够为环境风险评估和污染治理提供科学依据。

在教学过程中，将这些科研成果和前沿技术引入课堂，可以使学习内容更加直观、易懂。通过分子模拟操作等实践教学环节，学生可以亲自操作分子计算模拟软件，了解并掌握相关技术和方法。这种学习方式不仅能够激发学生的学习兴趣和积极性，还能够培养他们的实践能力和创新精神。

此外，科研反哺教学还能够促进教学与科研的良性互动。教师在科研过程中获得的新知识和新技术可以及时地应用于教学中，使教学内容始终保持与时俱进。同时，学生在学习过程中遇到的问题和反馈也可以为科研提供新的思路和方向。这种互动关系有助于推动教学和科研的共同发展。

（4）课程中开展线上虚拟仿真实验操作、直观易懂。在环境毒理学教学中，通过安排 6 ~ 8 课时的线上自主学习与 24 ~ 26 学时的线下面授相结合，可以有效地开展翻转课堂和混合式教学。这种教学模式不仅充分利用了线上和线下的教学资源，还促进了学生的自主学习和深度参与。

线上自主学习阶段，学生可以借助网络平台，自主完成课程预习、资料查阅和初步学习。通过数字化情境计算，学生能够更直观地理解环境毒理学的内在规律和机制。同时，移动端支持使得学习更加便捷，学生可以随时随地进行学习，提高了学习效率。

线下面授阶段，教师可以结合学生的线上学习情况，进行有针对性的讲解和讨论。翻转课堂的教学模式让学生成为课堂的主体，他们可以分享自己的学习心得，提出问题，与教师和同学进行互动交流。这种教学方式有助于激发学生的学习兴趣和主动性，培养他们的批判性思维和创新能力。

（四）多元互动混合教学模式教学改革成果

（1）培养了学生深入分析和创新性解决问题能力。通过线上虚拟仿真实验和慕课教学，为学生提供了一个全新的学习平台，让他们可以随时随地自主学习环境毒理学的相关知识。同时，线下传统教学和翻转课堂的形式则注重师生互动和学生主体地位，使学生在与教师和同学的交流互动中深入理解课程内容，掌握解决问题的方法。

为了更好地将科研与实践相结合，结合教师的科研和设计实践项目，为学生提供了丰富多样的设计类课程选题。这些选题不仅紧扣环境毒理的热点问题，还注重培养学生的“设计问题分析”能力，使他们在解决问题的过程中不断提升自己的专业素养。

此外，还通过开放式的设计题目设置，鼓励学生跨学科、跨领域地进行综合性学习和设计。这不仅能够让学生综合运用所学的学科专业知识，还能够培养他们的跨学科综合知识应用能力，从而更好地解决实际问题。

（2）科研反哺教学，培养了学生的多方位独立创造能力。科研反哺教学是一种富有成效的教学模式，它通过将科研成果融入教学之中，不仅丰富了教学内容，还提升了学生的实践能力和创新思维。在环境毒理学和环境健康科学系列课程中，积极采用Aermod、Calpuff、Fluent、Gaussian和Dmol等模拟软件，旨在培养学生的多方位独立创造能力。

这些模拟软件为学生提供了一个虚拟的实验环境，使他们能够在计算机上模拟环境污染、环境生物富集、人体健康剂量关系等复杂过程。通过模型计算和毒理机制的深入分析，学生可以更加深入地了解有机毒物和重金属的环境风险，进而认识到环境污染对人体健康的潜在影响。

在教学过程中，鼓励学生充分发挥内在潜力和学习动力，积极参与虚拟实验的设计和实施。他们不仅可以通过操作模拟软件来完善虚拟实验的知识库和数据库，还可以结合实验结果进行数据分析，提出自己的见解和解决方案。这种互动式的学习方式不仅提高了学生的学习兴趣，还培养了他们的实践能力和创新精神。

此外，还从分子生物学的角度出发，引导学生深入理解环境污染致病过程。通过介绍基因、蛋白、细胞、代谢等生化过程，帮助学生建立了对炎症、神经衰弱、癌症、白血病、基因突变等疾病与环境污染之间关系的认识。这种跨学科的教学方式不仅拓宽了学生的视野,还为他们未来的科研和职业发展奠定了坚实的基础。

(3)培养了学生自主研究与终身学习的能力。线上虚拟仿真实验与线下知识学习相结合,是一种创新的教学模式,旨在培养学生的自主研究与终身学习能力。这种模式充分利用了现代信息技术的优势,通过虚拟仿真实验为学生提供了一个近似真实的实验环境,使他们能够在操作中深入理解和掌握知识。同时,线下知识学习则为学生提供了系统的理论基础,帮助他们构建完整的知识体系。

针对当代学生的特点,利用现代多媒体技术创建了相关理论知识的在线慕课,这种多方位的教学模式以学生为中心,注重培养学生的主动性和创造性。通过在线学习,学生可以随时随地获取知识,提高了学习的灵活性和自主性。

环境毒理学与信息技术的结合是这一教学模式的核心。强调“基于项目的教育和自主学习”,让学生在完成具体项目的过程中,主动探索、发现问题并解决问题。这不仅培养了学生的创新精神和实践能力,还使他们具备了自主研究和终身学习的能力。

在实践中,注重现代信息技术与教育教学的深度融合。避免信息技术应用的简单化和形式化,而是根据教学内容和学生的需求,选择合适的技术手段,创新教学方式方法。通过线上学习虚拟实验操作过程,学生可以在虚拟环境中进行实验操作,加深对实验原理和方法的理解。

多元互动的混合教学模式能够有效提升环境毒理学教学品质。这种教学模式不仅提高了学生的学习兴趣和参与度,还培养了他们的创新精神和实践能力。对于环境毒理学类课程的改革或其他综合性课程的教学改革,这种教学模式具有重要的参考价值。

第四章　数字化转型背景下环境学课程教学方法优化

在数字化转型的背景下，环境学课程教学方法的优化变得尤为重要。数字化转型提供了丰富的技术手段和资源，使得教学更加灵活、高效和有趣。本章主要对任务驱动式教学法、“3W2D”教学法、发现教学法、案例式教学法、积极教学法、成果导向教学法、PBL 教学法等在环境学课程教学中的应用展开分析与讨论。

第一节　任务驱动式教学法在环境学课程教学中的应用

一、任务驱动法的概念界定

（一）任务驱动教学法的定义

任务驱动教学法是一种重视实际问题解决的教学方法，其核心理念在于通过具体任务的设置与完成，激发学生的探索欲望和实践动力，进而提升其自主学习能力。在这一教学模式下，教师承担着设计者、引导者和辅助者的角色，通过构建具有挑战性和实用性的任务框架，指导学生逐步探索、实践、反思与总结，最终使学生能够独立解决问题，并在此过程中积累知识和经验。

该教学法强调学生的主体性，鼓励学生在任务完成过程中进行独立思考与团队协作。学生在面对具体任务时，需运用所学知识，结合实际操作，分析问题、解决问题，从而锻炼其逻辑思维和问题解决能力。同时，通过与团队成员的沟通与协作，学生还能够培养其沟通协作能力和团队精神。

（二）任务驱动法的特征

（1）以任务为引领。任务驱动教学法以明确的任务作为教学活动的核心。这些任务应具有实际的应用背景，能够引导学生深入探索和实践，从而达成教学目标。任务的设计应体现层次性和渐进性，确保学生在完成任务的过程中能够逐步提升知识和技能水平。

（2）学生为主体地位。在此教学法中，学生被置于主体地位，教师的角色转变为引导者和辅助者。学生需主动参与、积极思考，并通过实践操作完成任务。这种安排旨在激发学生的学习兴趣和主动性，培养其自主学习能力和创新精神。

（3）教师的引导作用。在任务驱动教学法中，教师不再单纯扮演知识传授者的角色，而是更多地承担引导者和辅助者的职责。教师应根据学生的实际情况和需求提供必要的指导和帮助，确保学生正确完成任务。同时，教师还应对学生的学习情况进行及时的反馈和评价，帮助学生认识自身的不足和取得进步。

（4）注重合作与交流。此教学法强调学生之间的合作与交流。在完成任务的过程中，学生需相互协作、积极沟通，共同解决问题。这种合作与交流不仅有助于培养学生的团队合作精神和沟通能力，还能促进学生在互动中相互学习、取长补短，进一步提升个人能力。

二、任务驱动法的理论基础

（一）建构主义学习理论

建构主义学习理论，作为一个重要的教育心理学流派，其核心在于强调学习者在知识形成过程中的主体性与参与性。该理论认为，知识并非仅仅由外界灌输而来，而是学习者在与环境互动的过程中，结合自身已有的经验和认知结构，通过主动建构而逐渐形成的。

这一理论与任务驱动教学法的教学理念不谋而合。任务驱动教学法坚持以学习者为中心，通过设计具有明确目标和挑战性的实际任务，引导学习者在完成任务的过程中，进行实践操作、观察分析、反思总结，从而实现知识的内化和能力的提升。

在实施任务驱动教学法时，教师角色的转变至关重要。他们不再是单纯的知识传授者，而是转变为学习活动的引导者和任务的设计者。教师需要依据学生的实际情况和教学目标，精心策划和设计任务，确保任务具有实际意义和适当的挑战性，以激发学生的学习兴趣和探索欲望。

同时，建构主义学习理论也强调了学习环境的重要性。在任务驱动教学法的实施过程中，教师需要营造一个严谨、稳重、理性的学习氛围，确保学生能够在这样的环境中自由交流、合作共享、相互学习。这样的学习环境不仅有助于学生的知识建构和能力提升，更有助于培养他们的团队合作精神和社交技能。

（二）学习动机理论

学习动机理论是任务驱动教学法的坚实基石。学习动机，作为一种推动学习者积极参与学习活动的内在力量，对于实现教学目标和提高学习效果具有关键作用。在任务驱动教学法中，学习动机的激发与维持显得尤为重要。只有当学习者具备强烈的学习动机时，他们才会更加自主地投入到任务完成的过程中，从而取得预期的学习成果。

基于学习动机理论，任务驱动教学法强调通过设计富有挑战性和实际意义的任务，来激发学习者的内在动机。这些任务旨在引发学习者的兴趣和好奇心，激发他们探索和解决问题的欲望。同时，任务驱动教学法还倡导自主学习和合作学习相结合的学习方式，鼓励学习者通过自主学习和与他人的合作，不断挖掘自身的潜力和优势，从而进一步提升学习动机。

在实施任务驱动教学法时，教师需要依据学习者的实际情况和学习需求，科学合理地设计任务。这些任务既要符合学习者的认知水平，又要具有一定的挑战性和实际价值。此外，教师还应在任务实施过程中给予学习者适当的指导和支持，帮助他们克服学习中的困难和障碍，保持学习的积极性和动力。

（三）有意义学习理论

有意义学习理论，是一种基于学习者主动建构知识体系的教学视角。该理论强调，学习不仅仅是被动接受知识的过程，更是学习者通过主动参与、积极探究，将新知识与已有经验相融合，形成具有实际意义的学习体验。

在任务驱动教学法中，教师的角色转变为引导者和促进者，他们负责设计富有实际意义的任务，以激发学习者的学习兴趣和动力。学习者通过完成这些任务，不仅能够获得知识，还能够培养自主学习和解决问题的能力。

有意义学习理论还倡导学习过程的积极主动性，要求学习者在学习过程中进行深度思考和实践，从而建构起自己的知识体系。在任务驱动教学法中，学习者需要不断思考、尝试和反思，以完成任务并达到学习目标。这种学习方式不仅提升了学习者的知识水平，还培养了他们的批判性思维和创新能力。

此外，有意义学习理论还强调学习的社会性和情境性。在任务驱动教学法中，学习者需要在特定的情境中完成任务，并与其他学习者进行交流和合作。这种学习方式有助于学习者更好地理解知识在实际情境中的应用，并培养他们的团队合作和社会交往能力。

（四）人本主义学习理论

人本主义心理学，源于20世纪50至60年代的美国，其核心观点由马斯洛（Abraham H.Maslow）和罗杰斯（Carl Ransom Rogers）两位学者所倡导。该学派从全人的角度出发，深入剖析了学习者的个人成长过程，并强调激发学习者的经验和创造潜能的重要性，其核心理念在于，引导学习者通过经验肯定自我，从而实现自我成长与发展。

人本主义心理学特别关注学习者个体在学习过程中的地位，认为在学习活动中，学习者的重要性应优先于教师。在这一理念下，教师应担任学习的顾问和指引者的角色，而非操纵者。这一观点在教育改革中得到了体现，提出了“以学生为中心”的教学理论。

此外，人本主义心理学还指出，学习者只有在学习内容与其原有的知识概念、生活环境产生关联时，才会产生有意义的学习。多数情况下，意义学习是从实践中获得的。当学习者面临实际问题时，即便他们在尝试过程中犯了错误，这种学习仍然具有意义。

（五）协作学习理论

协作学习理论作为任务驱动教学法的重要基石，为学生间的互助合作提供了理论基础。该理论主张通过小组协作的形式，促进学生间的知识共享与经验交流，进而推动学生的全面发展。在任务驱动教学法的实践中，学生需以团队为单位，共同面对并解决任务挑战。

在协作学习环境中，学生不仅能够相互学习、激发创新思维，还能培养团队协作和沟通能力。这种学习方式不仅提升了学生的学习兴趣和动力，更有助于培养他们的综合素质。每个学生都能在团队中发挥自己的专长，实现个性化发展。

在任务驱动教学法中，协作学习理论的应用不仅提高了学生的学习成效，更有助于培养他们的综合素养。通过团队协作，学生学会了如何协调合作、处理分歧、分工协作以及共同完成任务。这些能力和素质在学生的未来学习、工作和生活中都具有举足轻重的地位。

三、任务驱动式教学法在环境学课程中的应用案例

（一）任务的设定

相较于传统教学方法，任务驱动式教学法在环境学课程中的应用，更能激发学生的学习兴趣，提高他们的实践能力和创新意识。这种教学法将每个知识点融入具体任务中，使学生在完成任务的过程中自然地学习和掌握知识。因此，任务设计成为任务驱动式教学实施的第一步。

在环境微生物学课程中，根据课程性质以及与其他专业课的关联度，我们需要紧密结合教学大纲和教学目标，设计出具有针对性和实效性的教学任务。教师在设定每个知识环节的任务时，应充分考虑学生的学习特点和认知水平，确保任务的合理性和可行性。同时，教师还需将任务上传至慕课平台的讨论区，以便学生能够在线上进行讨论和交流，共同解决问题，提高学习效果。

本课程的具体任务设计和任务目标如表 4-1 所示。[①] 表 4–1 中的任务设计旨在帮助学生更好地理解和掌握环境微生物学的基本概念、基本理论和基本技能，同时培养他们的实践能力和创新意识。

表 4–1　“环境微生物学”任务设计及任务目标

课程模块	授课内容	任务名称	任务目标
模块一	环境问题与微生物的作用、微生物的分类和命名	以微生物与人类的关系为主题，自拟题目完成 3000 字的综述性论文	环境微生物学课程地位重要，对培养学生专业素养和实践能力有关键作用。了解国内外微生物学研究热点和新技术趋势，有助于把握发展方向，推动学科进步和解决实际问题
	微生物学新技术在环境工程中的作用		
模块二	病毒的形态与结构、病毒的测定与培养、病毒的灭活	人类及动物界中由病毒导致的疾病有哪些？病毒真的就是人类的敌人吗	深入掌握病毒的形态构造，熟悉病毒的灭活技术
	细菌、蓝细菌、放线菌、古菌等原核微生物的形态、结构与功能，细菌的培养、物理化学特性及菌落	采集土壤样品，获得土壤中的细菌菌落总数及微生物群体特征	能够准确鉴别并区分原核微生物中的关键种类，包括细菌、古菌、蓝细菌和放线菌等，对其形态特征有深入的理解和把握
	原生动物、微型后生动物、藻类、真菌等真核微生物的一般特征及其作用	以郫县豆瓣酱制作过程为例，分析真核微生物在调味品酿造中的作用；活性污泥生物相中原生动物及微型后生动物的作用	具备判断微生物形态结构变化在“三废”处理中作用的能力
	质粒、质粒育种、定向培育、驯化	PCR 技术在环境工程中的应用	具备对污（废）水、废气及固体废弃物进行目标微生物培养和驯化的基本能力

① 单凤君，张婷婷，王蕊．任务驱动式教学法在环境微生物学课程中的应用 [J]. 辽宁工业大学学报（社会科学版），2022，24（02）：123–125.

续 表

课程模块	授课内容	任务名称	任务目标
模块三	微生物的酶、微生物的营养和微生物的能量代谢	温泉微生物多样性的影响因素有哪些	具备熟练运用环境微生物学基本原理，对实际问题进行深入分析和有效解决的能力
	微生物的生长繁殖与生存因子		
	水体、空气及土壤微生物生态		
模块四	微生物在自然界碳循环、氮循环和磷循环中的作用	城镇生活污水传统硝化反硝化脱氮的特点；污泥膨胀的成因及温度对污泥膨胀的贡献及丝状菌演替规律；人工湿地、活性污泥和膜生物反应器中微生物群落特点	具备熟练运用环境微生物学核心理论，对环境生态系统中污染问题进行分析和治理的能力
	水环境污染控制与治理的生态工程及微生物学原理		
	污（废）水的深度处理中的微生物学原理及人工湿地中微生物的作用		
	有机固体废物及废气的微生物处理及其微生物群落		

（二）任务驱动式教学法的实施

在环境学课程教学中，任务驱动式教学法得到了广泛应用。以“采集土壤样品，获得土壤中的细菌菌落总数及微生物群体特征”这一任务为例，详细阐述任务驱动式教学方法在环境微生物学课程学习中的具体实施过程。

首先，学生需依据教材、课件及教学视频（涉及知识点：土壤为何是微生物的天然良好培养基）进行课前自主预习。在此过程中，教师需评估学生对知识点的掌握情况，识别预习中的难点，并提供针对性的课前指导。例如，解释测定土壤中细菌菌落总数的重要性，并深入探讨土壤取样的原则，以及污染土壤与未污染土壤中微生物群落的差异。

然后，教师发布教学任务并分组。各小组成员在课前通过协作设计任务解决方案，并列出方案设计中遇到的问题。课堂上，学生可与同学和教师讨论这些问题，同时教师在考核知识点时，通过相似案例启发学生，解答并延伸问题。

在任务执行过程中，教师需根据教学内容和完成任务所需的重点及拓展知识点，对教学内容进行归纳和总结。例如，针对土壤样品的培养基制备、制样、培养、观察、记录等操作规则，通过实践操作巩固理论教学，实现理论与实践的紧密结合。

最后，教师鼓励优秀组别将作品制作成PPT，在课堂上与同学和教师分享，形成互动教学。这一过程不仅帮助学生复习教学重点，拓展知识结构，还激发了学生的学习能动性，培养了批判思维和创新精神。

（三）任务驱动式教学法的教学评价

任务驱动式教学法在环境学课程中的应用，旨在提高学生的学习效果、激发学生的学习热情和培养其独立学习、思考和总结的能力。为实现这一目标，需要建立一套科学、公正的教学评价机制。评价机制的主要目的是客观、公正地反映学生的学习效果，激励学生自觉、主动地学习，并培养其乐于思考、独立学习、善于总结的学习习惯，从而提高其学习能力。因此，评价机制应采用过程评价和期末考试相结合的形式，以达到理论和实践相结合，培养高素质应用型人才的目标。

过程评价主要包括课前知识点完成情况、课堂参与情况、课后作业及任务目标完成情况。同时，将学生的学习态度、团队协作精神、批判思维、创新精神和动手能力等作为过程考核指标，通过教师评价、学生自评、学生互评完成学习的过程评价。这一评价机制可以有效地激发学生的学习热情，提高其学习效果。任务驱动式教学法的过程评价指标及指标权重见表4–2。

表4–2　任务驱动式教学法的过程评价指标及指标权重

评价指标	指标描述	指标权重/%		
		学生自评	学生互评	教师评价
课前知识点完成情况	任务点完成、问题总结情况	4	2	10
课堂参与情况	课堂讨论与答疑参与情况	2	2	10
课后作业及任务目标完成情况	课后完成作业及知识掌握情况	4	2	10

续 表

评价指标	指标描述	指标权重 /%		
		学生自评	学生互评	教师评价
学生的学习态度	学习目的、学习方法及知识掌握情况	2	2	5
团队协作精神	小组任务完成过程中贡献度	4	2	5
批判思维	接受不同观点和全面分析问题的能力	2	2	5
创新精神	问题设计的新颖性和质疑问难的能力	2	2	5
动手能力	实验仪器使用和操作步骤严谨规范情况	4	2	10
	合　计	24	16	60

过程性评价是一种持续性的评估机制，它贯穿于学生学习的整个过程中。它依赖于明确的评价指标和相应的权重，以确保学生的学习目标清晰、具体，并激发他们的潜能，鼓励他们积极争取更好的成绩。在此过程中，教师需要对学生的得分进行及时标注和反馈，同时关注结果反馈的人文关怀以及学生个体差异，充分发挥过程性评价的积极作用。这种评估机制有助于促进学生的全面发展，提高他们的学习效果和学习动力。

任务驱动式教学方法核心在于"任务驱动"，该策略充分贯彻了"以学生为中心、以学习为中心"的教学理念。通过精心设计任务解决方案，并在实践中不断补充和完善，使学生能够在完成任务的过程中深入理解和掌握相关知识，有效激发学生的学习热情。这种教学方法不仅增强了师生之间的互动，还显著提升了课前、课中和课后的学习氛围。同时，它为学生提供了宝贵的实践机会，有助于培养他们的创新精神和批判思维，取得了显著的教学效果。

第二节 "3W2D"教学法在环境学课程教学中的应用

"3W2D"教学法在环境学课程教学中的应用已经取得了显著的效果。这种教学法以问题为导向，注重学生的主动性和参与性，使学生 在学习过程中不仅掌握了知识,更重要的是培养了他们的思考能力和解决问题的能力。

一、"3W2D" 教学法概述

"3W2D" 教学法是一种集大讨论、"3W"(What、Why、How)教学法以及小讨论于一体的综合性教学方法。该教学法以严谨的逻辑和系统的结构,引导学生全面深入地理解和掌握课程内容,进而提升他们的知识总结应用能力和问题解决能力。

在教学实施过程中,该教学法首先通过课堂大讨论激发学生的主动思考,使他们能够明确课程内容的重点和难点,为后续学习奠定坚实基础。接着,教师运用"3W"教学法,即针对课程内容的"是什么""为什么"和"如何"三个方面进行深入剖析,确保学生能够全面、系统地掌握相关知识。在讲授过程中,教师鼓励学生积极参与互动,提出疑问和见解,以培养学生的批判性思维和创新能力。最后,通过课堂小讨论,引导学生回顾和总结所学知识,尝试将理论与实践相结合,提高他们的实际应用能力。

二、课程内容讲授前段——大讨论(D)

在高校的环境科学专业教学中,环境学课程通常是学生们接触的第一门专业课程。对于这门课程,它的重要性不言而喻,因为它为学生们打开了环境科学的大门,让他们对环境问题有了初步的认识和理解。然而,在实际的教学过程中,我们常常发现许多学生在初次接触环境学课程时,对环境问题的认识还停留在较为粗浅的阶段。如果在这个阶段直接进行专业概念的讲解和理论知识的传授,可能会导致部分学生无法顺利转变他们的思维方式,从而出现"跟不上""听不懂"等问题。这些问题不仅会影响学生的学习兴趣,还会导致他们的课堂参与度显著下降。

为了避免这些问题的出现,我们提出了一种以学生为中心的教学理念,即从学生的角度出发,进行课程内容的设计和教学方法的选择。其中,开展课堂大讨论被证明是一种非常有效的教学方法。通过分组讨论,可以让学生们更加积极地参与到课堂学习中来,提高他们的课堂参与度。

在进行课堂大讨论时,我们可以根据学生的兴趣和专业方向,将他们分成不同的组别,如"水组""大气组""土壤组""固废组""物环组""生物组”等。这样的分组方式不仅可以增强学生的归属感,还可以让他们更加深入地研究自己感兴趣的领域。在讨论主题的设置上,我们需要尽量选择一些具有生活性和开放性的问题,让学生们能够从自己的实际经验和知识储备出发,进行深入的思考和讨论。例如,针对水环境,我们可以设置一些如“生活中遇到过哪些水污染问题?”“这些污染是怎么造成的?”“你们对这些水污染问题有哪些防治建议?”等讨论主题。

通过课堂大讨论的方式,学生们不仅能够从自己的角度出发,进行环保问题的思考,还能更加深入地认识到环保问题的重要性。同时,他们还能在讨论中发现自己在环保专业知识和能力方面的不足,从而在后续的课程学习中更加有针对性地进行查漏补缺,进行系统的知识梳理。

三、课程内容讲授中段——3W

许多学生在学习基础课程时常常表现出缺乏兴趣、学习效果不佳以及课堂参与度低下的现象,其中一个核心问题在于,学生感到课程知识点繁杂且难以理解其实际应用,从而认为这些知识无用。这种学习态度的形成,往往源于学生脑中没有形成对所学知识的系统性框架,无法建立起知识之间的关联,进而导致对专业知识的理解不足。因此,对于教师而言,将课程内容进行系统性梳理,成为备课过程中不可或缺的首要任务。只有教师的教学思路清晰明了,才能引导学生在学习过程中建立起良好的知识逻辑结构。

在这方面,“3W”教学法提供了一种简单而有效的方法来梳理课程内容。这种教学法将课程内容划分为三个核心部分:首先是“是什么”,即让学生初步了解自然生态环境在未受干扰或破坏时的状态,建立起对基础概念的清晰认识;其次是“为什么”,通过多次连贯的提问,引导学生深入探索自然生态环境是如何被破坏的,以及这一过程中导致环境问题产生的具体原因;最后是“怎么做”,即引导学生思考面对这些环境问题,我们应该如何采取应对措施。

以水环境问题为例,教师在讲解时可以先从“是什么”入手,介绍自然的水资源与水环境状况,让学生认识到水的自然特性与对人类生活的重要性。接着,通过“为什么”的提问,深入探讨水污染现象产生的原因,分析某种污染物的存在是如何导致水污染发生的,以及水环境中为何会存在这种污染物。这一过程中,可以将人类活动产生的污染物及其对水环境的影响作为重点,帮助学生理解环境问题背后的深层次原因。最后,在“怎么做”的部分,教师可以引导学生思考并讨论可以采取哪些措施来修复受损的生态环境,从而培养学生解决问题的能力。

在将“3W”融入课程内容时,教师需要注意确保三个部分内容的紧密关联。以氮磷引起的水体富营养化问题为例,教师可以首先让学生观察藻类在自然状态下的生长状况,了解“是什么”。然后,通过讲解水体富营养化的产生过程及其对自然状态的影响,使学生理解“为什么”会出现这种问题。最后,教师可以引导学生探讨如何防治水体富营养化问题的发生,包括减少氮磷排放、增加水体氧含量等措施,从而让学生明确“怎么做”。

四、课程内容讲授后段——小讨论(D)

课程门类激增是我国高等教育体系中,由高中升至大学的学生在学业上面临的重要转变。大学生在每个学期需应对多门课程的学习任务,相较于高中时期更为繁重,同时,大学教育更加注重学生的自主学习和独立思考能力的培养,因此,课后对于课程知识的复习和强化要求相对较低。

针对这一转变,教师在教学过程中应当有意识地加强课堂知识的强化。其中,主体课程内容讲授完成后的小讨论是一种有效的知识强化手段。例如,教师可以组织学生进行小组讨论,针对某一环境问题,让某一小组向其他小组提出问题。这些问题可以是系统性的,包含“3W”(What、Why、How)的要素,也可以是专注于其中一个“W”的深入探究。通过互相提问和回答的过程,学生能够更好地掌握和强化专业知识。此外,教师还可以利用现代教学技术和工具,如在线学习平台和互动教学软件,来丰富课堂讨论的形式和内容,提高教学效果。同时,教师也需要实时关注学生的学习进度和反馈,及时调整教学策略,确保学生能够全面、深入地掌握所学知识。

五、“3W2D”教学法考核方式

“3W2D”教学法是一种以引发学生主动思考为核心目标的教学方法,旨在引导学生在获取知识的过程中,形成系统的理论知识框架。这种教学法应用过程中,采用了过程化考核方式,取得了显著的教学效果。下面将详细介绍该教学法的考核方式及其在教学中的应用。

首先,我们来了解大讨论(D)阶段的考核方式。这一阶段的考核主要以PPT汇报考核为主,考核成绩由两部分组成:教师成绩占40%,其他小组评定成绩占60%。为了确保考核的公正性和客观性,教师与学生采用统一的打分表(见表4-3①)。PPT汇报考核标准包括汇报表现、PPT制作、汇报内容、论证能力和综合能力等五个方面,每个方面都有明确的评价准则和评分。这种考核方式不仅要求学生具备良好的口头表达能力,还要求他们具备扎实的专业知识、敏锐的洞察力和创新思维。

表4-3 PPT汇报考核标准

项　目	评价准则	评分
汇报表现	在汇报过程中,应确保着装得体,符合职业形象;肢体语言应适度,既不过于拘谨也不过于随意;内容表达应简洁明了,准确无误;同时,要合理控制汇报时间,确保在规定时间内完成	15
PPT制作	PPT制作美观,图文以及字体颜色搭配合理	15
汇报内容	内容详尽无遗,紧扣研究主题,突出关键要点,见解独到深刻	30
论证能力	论述观点明确,逻辑清晰,论据充分,展现出对现实问题的深刻洞察和精准分析;所使用的材料真实可靠,论证过程严谨有力,具有很强的说服力	20
综合能力	具备将所学知识与所收集资料进行综合运用的能力,以分析、判断和发现实际问题,并能提出初步解决方案,从而精确回答所提问题	20

接下来,我们来看看"3W"教学阶段的考核方式。这一阶段的考核以课堂表现评价为主,主要包括学生自主回答问题的能力与质疑能力。在教学过程中,教师会提出问题,鼓励学生自主回答或提出合理质疑。对于表现出色的小组,会给予2分的加分奖励;如果问题的回答或提出的质疑不够准确,也会给予小组0.5~1.5分的加分奖励。这种考核方式旨在激发学生的学习兴趣和积极性,培养他们的自主学习能力和批判性思维。

此外,小讨论(D)阶段的考核方式也以课堂表现评价为主。在这一阶段,学生需要以小组为单位,互相提问并回答。教师会对问题的课程内容相关性进行判断,掌控课堂节奏。同样地,自主回答或提问的小组会获得2分的加分奖励,如果问题的回答或提出不够准确,也会给予小组0.5~1.5分的加分奖励。这种考核方式有助于培养学生的团队协作能力

① 刘强,范春楠,郑金萍."3W2D"教学法在创新教学中的应用:以环境学课程为例[J].河南教育学院学报(自然科学版),2022,31(01):57-60.

和沟通能力。

以上考核分数为该课程的过程化考核分数，建议占总分数的50%，结合期末考试成绩（50%）共同组成环境学课程的总分数。这种考核方式能够全面、客观地评价学生的学习成果，同时也能够激励学生积极参与课堂讨论和学习活动。

六、“3W2D”教学法的应用场景

教学方法的选择和应用，往往需要根据具体的教学内容和学生特点进行灵活调整。在众多教学方法中，“3W2D”教学法以其独特的优势，被广泛应用于各类课程的教学实践中。然而，由于不同的课程内容所包含的基本概念、基本理论和基本方法存在差异，这就要求我们在应用“3W2D”教学法时，需要根据实际的学时安排和教学内容特点，对各个模块的时间比例进行适度的调整。

“3W2D”教学法中的“3W”指的是“What”（是什么）、“Why”（为什么）和“How”（怎么做），而“2D”则分别代表“Discuss”（讨论）和“Do”（实践）。这一教学方法强调在传授知识的同时，注重培养学生的批判性思维和实际操作能力。然而，在实际的教学过程中，我们可能会遇到一些知识点相对较小、内容较为单一的情况。在这种情况下，为了更好地适应教学内容的需要，可以考虑去掉大讨论部分，形成“3W1D”的教学方法。例如，在教授一些基础性的理论知识时，可能只需要通过“3W”教学法，即“是什么”“为什么”和“怎么做”，来清晰地阐述这些概念、原理和方法。这样不仅可以节省教学时间，还能够使学生更加深入地理解和掌握这些知识。

当然，在一些特殊情况下，可以只应用“3W”教学法。比如，在某些实践性较强但理论性相对较弱的教学内容中，可能更侧重于让学生通过实际操作来体验和感知知识。此时，教师可以将“3W”作为教学的主线，引导学生逐步深入地探索和实践。

同时，值得注意的是，教学方法的选择和调整并非一成不变。随着教育理念的更新和教学技术的发展，需要不断地对教学方法进行反思和创新。只有这样，我们才能更好地适应教育发展的需要，培养出更多具有创新精神和实践能力的人才。

因此，在应用“3W2D”教学法时，教师不仅要关注其在实际教学中的运用效果，还要积极探索和尝试新的教学方法和手段。只有这样，教师

才能在不断的教学实践中提升自己的教学水平，为学生提供更加优质的教育服务。

第三节　发现教学法在环境学课程教学中的应用

一、发现教学法概述

（一）发现教学法的定义

发现教学法是一种以学生为中心的教学方法，强调学生的主动性和自主性，注重培养学生的创新能力和思维能力。在环境学课程教学中，发现教学法具有重要的应用价值。

发现教学法的特点体现在以下几个方面。

（1）学生中心主义。发现教学法强调学生的主动性和自主性，认为学生是学习的主体，应该在教学过程中占据主导地位。教师应该以学生为中心，根据学生的实际情况和需求，设计符合学生兴趣和需要的教学内容和方法，激发学生的学习兴趣和动力，引导学生自主探究和发现。

（2）探究性学习。发现教学法注重培养学生的探究能力和思维能力，认为学习是一种探究和发现的过程。教师应该设计富有挑战性和启发性的问题，引导学生主动探究和发现问题的本质和规律，培养学生的创新思维和解决问题的能力。

（3）合作学习。发现教学法强调学生的合作学习，认为合作学习可以促进学生的交流和互动，提高学生的学习效果。教师应该组织学生进行小组合作学习，让学生在小组内分享和交流学习心得和经验，相互学习、相互帮助，提高学生的学习兴趣和动力。

（4）个性化教学。发现教学法注重学生的个性化发展，认为每个学生都有其独特的个性和需求，应该根据学生的实际情况和特点，设计符合学生需求的个性化教学内容和方法，促进学生的全面发展。

在环境学课程教学中，发现教学法可以有效地提高学生的学习兴趣和动力，促进学生的主动探究和发现，培养学生的创新思维和解决问题的能力。例如,教师可以设计一些富有挑战性的问题,引导学生探究环境问题的本质和规律,同时也可以组织学生进行小组合作学习,让学生在小组内分享和交流学习心得和经验,相互学习、相互帮助,提高学生的学习效果。此外,教师还可以根据学生的实际情况和特点,设计符合学生需求的个性化教学内容和方法,促进学生的全面发展。

(二)发现法教学的理论依据

(1)建构主义学习理论。建构主义学习理论强调知识的主动建构性、社会互动性和情境性。在发现法教学中,教师不是直接告诉学生现成的结论或答案,而是通过引导学生观察、实验、推理等活动,让学生在探究过程中自主发现知识、理解知识、应用知识。这种教学方式符合建构主义学习理论的核心观点,即学习是学生主动建构知识的过程,而不是被动接受知识的过程。

在发现法教学中,学生需要通过观察、实验等活动,获取大量的感性材料,然后对这些材料进行加工、整理、分析、归纳,最终得出结论或规律。这个过程需要学生充分发挥自己的主动性、积极性和创造性,需要学生不断地思考、探索、尝试、修正,从而逐步建立起自己的知识体系。这种教学方式不仅有利于培养学生的探究精神、创新能力和实践能力,还能够加深学生对知识的理解和掌握。

(2)认知发现学习理论。认知发现学习理论是发现法教学的核心理论依据。这一理论认为,学习不仅仅是知识的积累,更是一种认知过程,是学习者主动探索和发现知识的过程。在这种理论框架下,学习者不是被动地接受知识,而是通过自己的思考、观察、实验和推理,主动地去发现知识,并在此过程中建立起自己的认知结构。

在发现法教学中,教师不再是知识的传递者,而是成为学生学习过程中的引导者和支持者。他们通过设计具有挑战性和启发性的问题,引导学生主动思考、探索、发现和解决问题。学生在这样的学习过程中,不仅能够获得知识,还能够培养自己的思维能力、创新能力和解决问题的能力。

认知发现学习理论还强调学习过程中的个体差异和认知灵活性。每个学习者都有自己的认知特点和风格,教师应该尊重并充分利用这些差异,提供多样化的学习资源和策略,以满足不同学习者的需求。同时,学习过程中的认知灵活性也是非常重要的,学习者需要能够根据具体情境和问题，灵活运用所学的知识和技能，进行创新和创造。

（3）"再创造"理论。"再创造"理论，由荷兰知名数学教育家汉斯·弗赖登塔尔提出，其核心在于强调学生在学习过程中的主体性和创造性。根据弗赖登塔尔的观点，数学不应仅仅是教师向学生单向传授的知识，更应是学生通过自我探索、实践与思考所"再创造"出来的智慧结晶。该理论主张，数学教学应根植于现实，以实际问题为引导，帮助学生从具体情境中抽象出数学概念和原理。学生的"再创造"过程，便是在教师的指导下，运用已有知识和经验，通过独立探究、分析与归纳，亲历数学知识的形成与发展，进而自主"创造"出数学法则、定律等结论。这种"再创造"式学习，不仅使学习过程更具深度和广度，还有助于培养学生的逻辑思维、创新能力和问题解决能力。同时，通过自我建构知识，学生对数学的理解将更加深入，应用数学知识的能力也将得到显著提升。

在传统的教学模式中，学生往往被动地接受知识，他们的思维被束缚在课本和教师的讲解中，而发现法教学则打破了这种束缚，它鼓励学生在探索中发现问题，通过自身的努力和合作，寻找解决问题的答案。这种过程不仅使学生更加深入地理解知识，还能够培养他们的创新思维和解决问题的能力。

在发现法教学的实践中，教师需要转变角色，从传统的知识传授者转变为学生的引导者和合作伙伴。教师需要设计具有挑战性和启发性的问题，激发学生的学习兴趣和好奇心。同时，教师还需要提供必要的支持和指导，帮助学生在探索中不断进步。

（4）任务驱动理论。任务驱动理论强调，学习是一种有目标的活动，学生应该通过完成具体的任务来驱动自己的学习进程。这种理论认为，任务是学生学习的载体，学生在完成任务的过程中，需要积极思考、探索和发现，从而达成学习目标。

在发现法教学中，教师通常会设计一些具有挑战性和实际意义的任务，让学生在完成任务的过程中，通过自主探索和发现，掌握相关知识和技能。这种教学方法能够激发学生的学习兴趣和动力，提高他们的主动性和创造性，有助于培养学生的自主学习能力和解决问题的能力。

任务驱动理论还强调，任务的设计应该符合学生的认知特点和兴趣，任务难度应该适度，既能够让学生有所挑战，又不会过于困难而导致学生的挫败感。此外，任务的完成过程中，教师应该给予学生适当的指导和帮助，确保学生能够顺利完成任务，并从中获得有效的学习成果。

（三）发现教学法的适用性

发现教学法是一种以学生为中心的教学方法，其基本理念是“发现”，即通过学生的自主探究和发现，促进学生对知识的深入理解和掌握。这种教学方法适用于环境学课程的教学，主要原因如下。

（1）符合学生学习特点。环境学课程涉及的知识面广、综合性强，学生需要自主探究和发现才能深入理解和掌握。发现教学法能够激发学生的学习兴趣，促进学生的自主探究和发现，提高学生的学习效果。

（2）符合环境学课程特点。环境学课程强调实践性和应用性，要求学生通过实地考察、实验探究等方式，深入理解和掌握环境问题的本质和解决方法。发现教学法能够引导学生通过实践探究的方式，深入理解和掌握环境问题的本质和解决方法。

（3）符合环境学课程的社会性和时代性。环境学课程关注环境保护与社会发展之间的关系，要求学生具备社会责任感和环境保护意识。发现教学法能够引导学生通过社会和时代背景的思考，深入理解和掌握环境保护与社会发展之间的关系。

二、发现教学法在环境学教学中的应用案例

下面以“城市垃圾处理与环境影响”为例进行说明。

（一）教学目标

（1）培养学生的积极探究能力、独立思考能力以及批判性思维。

（2）加深学生对环境学基本理论和概念的全面理解，让他们能够在实际生活中灵活运用。

（3）使学生能够明确认识到环境问题的严重性，并积极参与到解决环境问题的实践中。

（二）教学内容

本次环境学课程以“城市垃圾处理与环境影响”为核心主题，通过引导学生深入探究垃圾处理的不同方法及其对环境的具体影响，从而达到

加深对环境学认知的目的。

（三）教学方法与步骤

（1）启发引导。教师以生动的案例和震撼的数据，向学生展示城市垃圾处理不当所带来的严重环境问题，如水源污染、土壤污染、空气污染等，以激发学生的探究兴趣和责任感。

（2）分组探究。根据学生的兴趣和专长，将他们分成若干小组，每个小组选择一个与垃圾处理相关的具体问题进行深入研究。如“垃圾分类在提升资源利用效率中的作用”“垃圾焚烧技术的环境风险及其防控措施”“垃圾填埋场的选址及其对周边环境的影响”等。

（3）深入调研。学生利用图书馆、网络、实地考察等多种渠道，广泛收集与所选问题相关的资料和信息，确保研究的全面性和准确性。

（4）综合分析。学生对收集到的资料进行整理、归纳和分析，运用环境学的基本理论和概念，形成自己的见解和解决方案。

（5）成果展示。每个小组以 PPT 报告或口头报告的形式，向全班展示他们的研究成果。展示过程中，鼓励学生之间进行互动和提问，以培养学生的表达能力和批判性思维。

（6）总结提升。在小组展示结束后，教师进行总结，强调环境问题的复杂性和紧迫性，鼓励学生在日常生活中积极践行环保理念，为提高环境质量贡献自己的力量。

（四）教学评价

（1）过程评价。教师在整个教学过程中，通过观察学生的参与程度、合作态度、解决问题的能力等方面进行评价，确保每个学生都能在探究过程中得到充分的锻炼和提升。

（2）成果评价。教师根据学生的报告内容、逻辑性、创新性以及表达能力进行评价，以检验学生是否真正掌握了环境学的基本理论和概念，并能否将其应用到实际问题中。

（3）反思评价。课程结束后，教师引导学生进行反思，让学生自我评价在课程中的表现、收获以及不足之处，并提出改进的建议和未来的学习计划。

(五)教学意义

通过基于发现教学法的环境学课程教学设计,学生不仅能够深入掌握环境学的基本理论和概念,还能够培养自己的积极探究能力、独立思考能力和批判性思维。同时,通过实际操作和团队合作,学生还能够提升自己的实践能力和团队协作能力。这种教学方法不仅激发了学生的学习兴趣和积极性,还为他们成为具有创新精神和实践能力的新时代环保人才奠定了坚实的基础。

第四节 案例式教学法在环境学课程教学中的应用

一、案例教学法概述

(一)案例教学法的起源

案例教学法的历史脉络可追溯至古代,当时教育者已开始运用真实案例进行教育实践。然而,其真正得到广泛认可并应用于教育体系,则始于20世纪初。在这一时期,美国哈佛大学商学院率先尝试将案例教学法应用于商业管理课程的教授中,随后,该方法迅速被其他商学院及学科领域采纳,逐步发展成为一种主流的教学方法。

案例教学法的思想源头可追溯到古希腊哲学家苏格拉底所倡导的"问答法"。该方法强调通过问答、辩论与反思,深入探索问题的本质及其解决方案。随着教育理论与实践的不断演进,案例教学法逐渐演变成一种独立且系统的教学方法,侧重于让学生通过分析真实案例,深化对知识的理解与运用。

(二)案例教学法的定义

案例教学法,指的是一种以真实案例为基石,借助深入剖析、团体研讨及实践演练等手段进行教育的教学方法。此法强调学生的主动性与参与性，旨在使学生在具体案例中发掘问题、剖析问题并寻求解决方案，从而实现对知识的全面把握与能力的提升。

与传统的单向传授式教学相比，案例教学法更加注重对学生实践技能与创新思维的培育。在此模式下，教师的角色转变为引导学生深入探究知识、促进学生思维发展的促进者，而学生则需积极参与案例的分析与讨论，通过深入思考与交流，进一步加深对知识的理解与掌握。

（三）案例教学法的特点

在当今教育环境中，案例教学被越来越广泛地应用于各类学科的教学之中。案例教学是一种以实际案例为基础，通过学生主动参与、师生互动交流的教学方式，旨在培养学生的理论联系实际能力、分析问题和解决问题的能力以及创新能力。下面将从案例的选择、师生交流互动、案例的开放性和启发性等方面，对案例教学进行深入分析和探讨。

①案例的选择。真实性与教学内容的高度一致。案例的选择是案例教学的首要环节。一个好的案例应该具备真实性和典型性，能够生动地反映实际生活中的问题，同时与教学内容高度一致。真实案例可以让学生更好地理解和感知理论知识在实际中的应用，而典型案例则能够帮助学生把握问题的本质和规律。

②师生交流互动。保障教学效率的关键。案例教学强调学生的主动参与和师生互动交流。在案例教学中，教师应该扮演引导者的角色，引导学生积极参与讨论和思考，而学生则应该充分发挥自己的主观能动性，主动提出问题和解决方案。通过师生之间的交流互动，不仅可以激发学生的学习兴趣和热情，还能够提高学生的思维能力和解决问题的能力。

③案例的开放性。培养学生创新能力的基础。同一案例，基于学生个体差异性和思维发散性的不同，学生可能会提出不同的解决措施。这种开放性的教学方式不仅能够培养学生的创新能力和批判性思维，还能够让学生更好地适应复杂多变的社会环境。

④案例的启发性。引导学生深思、启迪思维。案例教学不仅应该是一种教学方式，更应该是一种思维方式。一个好的案例应该具备引导学生深思、启迪思维的功能，进而达到实际联系具体理论、加深学生对理论知识的理解的目的。

二、案例教学法在环境学教学中的必要性

在当今社会，环境问题日益严重，培养具备专业知识和技能的环境人才显得尤为重要。然而，仅仅让学生掌握环境领域的理论知识是远远不够的，更重要的是培养他们以理论知识为依据，分析解决实际环境工程问题的能力。环境学作为一门理论性强的核心专业基础课，如何使学生在学习过程中理论联系实际，成为应用创新型环境人才，是环境学教育面临的重要挑战。为此，在环境学教学中引入案例教学法成了一个非常必要的选择。

在环境学教学中，案例教学法的引入不仅可以使学生更好地理解和掌握环境学的理论知识，还可以培养他们的创新思维和实践能力。

第一，案例教学法能够激发学生的学习兴趣和动力。传统的环境学教学方法往往侧重于理论知识的灌输，容易使学生感到枯燥无味，而案例教学法则通过引入生动有趣的案例，让学生在分析、讨论的过程中感受到环境学的魅力，从而激发他们的学习兴趣和动力。

第二，案例教学法能够帮助学生深入理解和掌握知识。环境学课程知识体系复杂、原理性和系统性强、内容抽象枯燥和难度大等特点，使得学生对知识内容的理解难度较大，而案例教学法则通过引导学生分析具体案例，将抽象的理论知识与实际情境相结合，使学生能够更加深入地理解和掌握环境学的知识。

第三，案例教学法还能够培养学生的自主学习能力和团队合作精神。在案例分析的过程中，学生需要自主收集资料、分析问题、提出解决方案，这不仅能够锻炼他们的自主学习能力，还能够培养他们的创新思维和实践能力。同时，小组讨论和团队合作的形式也有助于培养学生的团队合作精神和沟通能力。

案例教学法的实施需要具备一定的条件和技巧。首先，教师需要具备丰富的实践经验和教学经验，能够设计出具有代表性和启发性的案例。其次，教师需要引导学生积极参与讨论和思考，避免出现“冷场”或“一边倒”的情况。最后，教师还需要对案例教学法的实施效果进行评估和反思，不断改进和完善教学方法。

三、案例教学的设计和应用

在案例教学法中，案例的选择无疑是至关重要的环节。恰当的案例

不仅能吸引学生的注意力，还能有效地将理论知识与实际情境相结合，提升学生对知识的理解和应用能力，特别是在环境学这一涉及广泛且实践性强的学科中，案例的选择更是关乎教学质量和效果的关键因素。环境学教学的设计与应用，应当精心挑选案例，确保其与具体教学内容紧密相连，并体现出以下四个方面的内容。

（一）环境学教学案例要结合教学目标和教学内容

案例教学的成败，其核心在于案例的优劣。一个精心设计的案例能够引导学生深入理解知识点，激发他们的学习兴趣，培养他们分析和解决问题的能力。相反，一个质量不高的案例可能会导致学生对学习内容感到迷茫，无法达到预期的教学效果。因此，在教学设计过程中，必须对案例的选择和设计给予足够的重视。

第一，案例的选择应紧密围绕教学目标和教学内容。我们应根据知识点的性质和学生的认知水平，挑选出最适合引入案例的知识点。例如，在环境学概论这门课程的绪论部分，我们的教学目标是使学生明白为什么学习这门课程。考虑到这是学生接触的第一门专业课，他们对专业认识和专业知识可能还不够深入，因此，我们可以选择学生较为熟悉的热点环境事件作为案例，如近年来的气候变化、环境污染等。

第二，案例的扩展和延伸应与教学内容紧密相连。案例不应仅仅是一个孤立的故事，而应能够帮助学生理解和掌握相关的理论知识。在案例的设计过程中，我们应注重将案例与教学内容相结合，通过案例的展开，逐步引导学生理解和掌握相关的理论知识。例如，在讲述环境污染的案例时，我们可以引导学生分析污染的原因、影响及解决方法，进而引出环境污染控制的理论知识。

（二）环境学教学案例要新颖

环境学课堂教学案例的创新性至关重要，因为它有助于提升学生的兴趣，加深他们对环境学知识的理解和应用。

案例：智能城市与环境可持续性探讨。

背景：随着科技的飞速发展，智能城市已成为全球城市发展的前沿趋势。通过集成先进的信息和通信技术，智能城市实现了城市运营的智能化和高效化，为居民提供了更为便捷和舒适的生活环境。然而，在智能城市的建设进程中，也面临着环境可持续性的重大挑战。

案例描述：为深化学生对智能城市与环境可持续性之间关系的理解，我们设计了一个专题教学案例。本案例旨在引导学生深入探究智能城市的发展对环境产生的具体影响，并探讨如何在智能城市的建设中实现环境可持续性的目标。

案例任务：学生将被划分为若干小组，每个小组需针对智能城市的一个具体领域（如智能交通、智能电网、绿色建筑等）展开研究，分析该领域在智能城市建设中对环境可持续性的影响，并提出相应的解决策略。

案例活动：

（1）学生首先进行文献回顾，全面了解智能城市的发展历程、现状和未来发展趋势。

（2）各小组选择一个智能城市的实际案例进行深入分析，如某城市的智能交通系统或智能电网项目。

（3）学生收集相关数据，包括但不限于能源消耗、污染物排放、交通拥堵等指标，以量化分析智能城市建设对环境的具体影响。

（4）学生组织研讨会，分享各自的研究成果，并就如何在智能城市建设中实现环境可持续性进行深入讨论。

（5）最终，学生将研究成果整理成报告，向全班同学汇报，并提出具有针对性的政策建议或实施方案。

案例评估：案例的评估将基于以下几个方面。

（1）学生对智能城市与环境可持续性关系的理解深度。

（2）学生在数据收集和分析过程中展现的能力。

（3）学生在小组讨论和研讨会中的表现。

（4）学生提出的解决方案的创新性和实用性。

此教学案例旨在培养学生的理性思维和严谨态度，使他们能够深入理解智能城市发展与环境可持续性之间的关系，并提高他们的实践能力和问题解决能力。同时，通过此案例，我们也期望学生能够更加关注现实生活中的环境问题，培养其社会责任感。

（三）环境学教学案例源于生活场景

环境学，作为研究人类活动与自然环境之间相互作用的学科，其重要性在于帮助学生深刻理解和应对当前复杂多变的环境挑战。为提高教学效果,将理论知识与实际生活相结合显得尤为重要。

以下是一些紧密结合生活场景的环境学教学案例。

城市环境挑战与解决策略:选取具体城市作为案例,深入探讨空气污染、水体污染及噪声污染等问题的成因、后果及可行的解决方案。鼓励学生参与实地调研,搜集数据,并提出切实可行的改善建议。

家庭节能减排实践:引导学生对自家在能源使用、废弃物处理等方面的行为进行反思,提出并实施节能减排的具体措施。例如,推广使用节能电器、开发利用可再生能源、减少使用一次性用品等。

农业生产与生态保护:针对特定农业区域,分析农业生产活动对生态环境的影响,如化肥农药的滥用、土地退化等。探讨生态农业、有机农业等可持续农业发展模式的优势与实施路径。

垃圾分类与资源化利用:以具体社区为例,阐述垃圾分类的重要性和实际操作方法。组织学生参与垃圾分类实践,了解各类垃圾的处理方式及资源化利用的途径。

生态旅游与自然保护区管理:选取著名自然保护区或生态旅游区作为案例,分析旅游业对当地生态环境的影响。探讨如何在保护生态环境的前提下,实现旅游业的可持续发展。

这些结合生活场景的环境学教学案例,旨在帮助学生将理论知识应用于实际问题中,培养他们的环境意识和问题解决能力。同时,也使学生深刻认识到环境学知识在日常生活中的重要应用,从而激发他们对环境学学习的热情和兴趣。

(四)环境学教学案例要具有创新启发性

环境学教学案例的创新启发性主要体现在以下几个方面.

利用高科技工具。采用虚拟现实(VR)或增强现实(AR)技术,让学生在虚拟环境中直观感受环境问题,如气候变化、污染和生物多样性丧失等。这种互动式学习方式有助于深化学生对环境问题的认识。

教学内容创新。通过引入新颖、前沿的环境学内容,如全球气候变化、生物多样性保护、可持续发展等,可以激发学生的学习兴趣,并使他们更好地理解和应对当前的环境问题。

教学方法创新。采用多样化的教学方法,如案例分析、小组讨论、角色扮演等,可以提高学生的参与度和学习效果。这些方法能够帮助学生更好地理解环境学知识,并培养他们的批判性思维和解决问题的能力。

跨学科整合。将环境学与其他学科如物理、化学、生物、地理等进行整合,可以提供更全面的视角来理解和解决环境问题。这种跨学科的教学方式可以帮助学生建立更广泛的知识网络,并培养他们的综合素质。

实践环节设计。通过设计实践环节,如环境监测、生态保护项目等,可以使学生将所学知识应用于实际问题的解决中。这样的实践环节可以提高学生的动手能力和创新精神,同时也能够增强他们对环境问题的认识和理解。

启发式教学。通过提出问题、引导学生思考、鼓励他们提出解决方案等方式,可以启发学生的创造性思维。这种教学方式可以帮助学生建立自己的知识体系,并培养他们的独立思考和创新能力。

四、案例教学法在环境学课程教学中的实施

(一)案例教学法在水污染控制工程课程教学中的实施

水污染控制工程课程设计旨在通过精确设定参数,构建一套高效的污水处理工艺,确保课程内容与实际经验紧密结合。在本次课程设计中,活性污泥法的四大基本池型——完全混合式、推流式、封闭环流式和序批式,将作为核心内容进行深入探讨。为了使学生更好地理解和掌握这些知识,学校特别安排了认识实习阶段,组织学生实地考察污水处理厂。这些厂所采用的核心处理工艺与四大池型密切相关,通过实地参观,教师将更直观地阐释池型设计、参数设定、运行原理及安装位置等关键要素。这不仅有助于回顾实习经历,还可通过课堂讨论的形式,解答学生在参观过程中的疑惑,从而深化其对水污染控制工程课程的理解。

在阐述曝气理论的过程中,教师可以紧密结合真实的污水处理厂工艺流程案例,为学生提供深入的学习体验。教师可以先为学生普及相关背景知识,然后聚焦以下核心议题:氧的传质影响因素、曝气供气量的计算方法以及曝气系统的运作机制与鼓风曝气系统的构成。通过实际案例中的鼓风设备,教师可以着重强调选择鼓风机的关键在于精确计算其风量和风压,并在此基础上,引出鼓风机风压的计算公式及其在实际应用中的重要性。通过这一系列的学习,学生将能够更全面地理解曝气理论及其在污水处理中的应用。

(二)案例教学法在固体废物处理与处置课程教学中的实施

在固体废物处理与处置课程的教学中,教师致力于将工程实例与课程内容紧密结合,旨在通过丰富多样的教学手段和内容,提高学生的学习效果。在授课中,教师将着重介绍积累的经典案例,如污水处理厂利用板框压滤机对污泥进行浓缩处理的详细过程。经过浓缩处理的污泥,可作为优质肥料,广泛应用于盐碱地改良和植树造林项目中。

为了使学生能够更直观地理解污泥处理的实际操作,教师还将在课堂上展示在污水处理厂实地拍摄的照片和视频资料,使学生能够更直观地感受污泥处理的实际情况。此外,教师鼓励学生围绕相关主题进行深入讨论,并在课程结束时对污泥处理设备的运行和管理知识进行系统的总结。

这种案例教学的方式,不仅有助于培养学生的抽象思维能力和实际操作技能,还能深化他们对专业知识的理解。更重要的是,它能够激发学生将理论知识应用于实际工程实践的兴趣和动力,为他们未来的职业发展奠定坚实的基础。

(三)案例教学法在大气污染控制工程课程教学中的实施

案例教学法应用于大气污染控制工程课程中,其核心目的在于将教学内容结构化,为每一章节选择具有代表性的经典案例。通过课堂内案例的展示、深入的探讨以及课后的知识内化,使学生能够有效识别问题、深入分析并寻求解决方案,从而实现课程教学目标。鉴于大气污染事件在社会上引发的广泛关注,教师可将这些事件转化为教学素材,以激发学生的求知欲望,并引导他们进行深入的探讨。在讨论过程中,逐步融入教材中的理论知识,以帮助学生更好地理解和掌握。此外,教师可以提前发布讨论问题,为学生提供充足的预习时间。课堂上,教师要针对学生的疑问进行解答,以增强学生的课堂参与感,提高整体教学效果。

第五节　积极教学法在环境学课程教学中的应用

一、积极教学法理论

积极教学法是由剑桥教育集团培训专家史蒂芬·瓦蒂根斯教授(Stephen Vardigans)倡导的一种教学方法。该方法是世行项目针对职教院校及应用型本科院校能力本位教师培训提出来的。积极教学法不仅倡导通过创设有效学习环境、组织有序小组活动、实施有导向性点名提问等教学方法,减少单纯讲授的低效课堂教学,而且以历代教育家的教育理论、教育心理学等方法为支撑,旨在达成全班学生积极参与的有效教学目标。

积极教学法在环境学课程教学中的应用,可以从以下几个方面进行详细阐述:一是学习环境的构建。学习环境的构建可以有效地提高学生的学习兴趣和参与度。在环境学课程教学中,教师可以通过设置具有挑战性和趣味性的实验、实践活动或者案例分析,来营造一个积极的学习环境。这种学习环境不仅能够激发学生的学习兴趣,还能够帮助学生更好地理解和掌握环境学知识。二是教学技巧的应用。在积极教学法中,教学技巧可以帮助教师更好地组织教学活动,提高教学效果。在环境学课程教学中,教师可以采用小组讨论、案例分析、模拟实验等多种教学技巧,来提高学生的学习效果。例如,教师可以组织学生进行小组讨论,让学生在讨论中分享自己的观点和看法,从而加深对环境学知识的理解和掌握。三是课程评价体系的调整。积极教学法强调以学生为中心、以能力为本位,因此,课程评价体系也需要进行相应的调整。在环境学课程教学中,教师可以采用多元化的评价方式,如课堂表现、实验报告、课程设计等,来评价学生的学习效果。这种多元化的评价方式可以更好地激发学生的学习兴趣,提高学生的学习效果。

二、积极教学法在环境学课程中的实践案例

在环境学课程教学中，积极教学法可以采用多种形式，例如，小组讨论、案例分析、实验操作等。其中，小组讨论是一种非常有效的积极教学法。在小组讨论中，学生可以自由地发表自己的看法和意见，与其他同学进行交流和互动，从而促进学生之间的思考和交流。此外，小组讨论还可以提高学生的语言表达能力和团队合作能力。

例如，教师可以提出一个问题："我们应该如何保护环境？"然后将学生分成小组，每个小组需要讨论并提出自己的建议。在讨论过程中，学生可以互相交流想法，提出不同的观点，并最终达成共识。最后，每个小组向全班汇报自己的讨论结果，并向其他小组提出问题和建议。

在环境学课程教学中，积极教学法还可以采用案例分析的形式。通过案例分析，学生可以更加深入地了解环境问题的本质和解决方法，从而提高学生的实际操作能力和创新能力。此外，案例分析还可以提高学生的分析和解决问题的能力，培养学生的环境意识和社会责任感。

例如，教师可以提出一个案例："某个城市因为工业污染而导致空气质量下降。"然后引导学生分析这个案例的原因和解决方案。在分析过程中，教师可以提出一些问题，引导学生思考和探究。例如，"这个城市的空气质量下降的原因是什么？""有哪些解决方案可以解决这个问题？""这些解决方案的优缺点是什么？"通过这种方法，学生可以更好地理解环境学概念和方法，并学会分析实际问题。

角色扮演法是一种通过让学生扮演不同的角色来加深他们对环境学概念和方法的理解的教学方法。在环境学课程中，教师可以采用这种方法来模拟环境问题的解决过程。

例如，教师可以提出一个角色扮演的题目："假设你是环保局的官员，你需要制定一个计划来解决城市空气污染问题。"然后让学生分成小组，每个小组需要扮演不同的角色，例如，环保局的官员、环保组织成员、工厂经理等，并制定一个计划来解决城市空气污染问题。在制定计划的过程中，学生可以互相交流想法，提出不同的观点，并最终达成共识。最后，每个小组向全班汇报自己的计划，并向其他小组提出问题和建议。

在环境学课程教学中，积极教学法还可以采用实验操作的形式。通过实验操作，学生可以亲自参与环境问题的研究和解决过程，从而更加深入地了解环境问题的本质和解决方法。此外，实验操作还可以提高学生

的动手能力和实际操作能力，培养学生的创新意识和实践能力。

（一）学习环境构建

积极教学法在环境学课程教学中的应用，旨在通过物理学习和人文学习两方面的环境构建，以实现课堂教学的最大化学习效果。构建良好的学习环境是这一策略的基础，具体包括物理学习环境和人文学习环境的两个方面。

（1）物理学习环境构建

构建有效的物理学习环境，大多可在课前完成。这里将它总结为看得见、听得到及无干扰三方面，具体实现过程如表4-4所列。

表4-4 物理环境构建对照

类　型	自我排查
看得见	是否所有学生均具备清晰观察教师的能力？ 教师与学生的视线交流是否畅通无阻？ 教室的布置是否有利于促进学生的主动学习？ 所有学生是否均可清晰辨识教学用具？ 当前的灯光条件是否足以确保所有学生能够无阻碍地观看黑板、屏幕及其他视觉辅助材料？
听得到	请问在座的所有学生是否都能毫无障碍地聆听教师的讲授内容？ 另外，各小组内的成员是否都能毫无压力地进行交流？ 最后，请问各小组间的同学是否都能清晰地听到并理解彼此的发言？
无干扰	是否存在内部噪音、闲聊和其他干扰因素？ 是否有可以通过某种方式减弱的外部噪音或外部干扰？ 是否对教室内的通风和冷暖条件感到满意和舒适？

物理学习环境的构建主要涉及看得见、听得到和无干扰三个方面。在课前可以完成物理学习环境的有效构建。这里，将物理学习环境的具体实现过程总结为这三个方面，并在表4-4中详细列出了每个方面的具体问题。教师可以参照表4-4中的问题，逐条比对，根据教学活动的组织过程布置教室，以构建有效的物理学习环境。然而，需要注意的是，不能将“环境舒适”“适合交流”和“方便教学”等作为判断物理学习环境的标准。这些标准过于笼统，使得教师很难做出简单直接的判断。相反，需要让教师能够轻松分辨这些细则是否符合要求，即每一个细则是否“可测量”，是否一目了然。

此外，教师可以根据具体情况灵活调整表4-4中列出的细则。例如，在“无干扰”方面，教师可以根据学生上课玩手机的现象，添加相应的细则，如要求学生将手机关机或调至静音并放在桌面上。通过每一条细则的判断，可以为学生全身心投入学习提供良好的物理环境保障。

（2）人文学习环境构建

在构建人文学习环境的过程中，需从关系、方法、规则、行为这四个维度进行深入探讨与实践。具体的实现步骤与策略，详见表 4-5 所列举的内容。通过全面考虑与严格执行这些方面，可以有效推动人文学习环境的建设与发展。

表 4-5　人文学习环境的构建内容

类　型	自我排查
关　系	学生对教师的专业能力与道德修养是否持认可态度？ 教师在教学过程中，是否及时给予学生必要的支持、肯定与鼓励引导？ 师生之间的互动是否频繁、积极，并能够有效推动知识的学习与掌握？ 在教学活动中，是否构建了积极、健康的师生互动关系？
方　法	教师在教学过程中是否充分运用了包括提问在内的多种高效学习策略？ 其展示的教学方法是否具有明确性且不会分散学生的注意力？
规　则	是否已经明确阐述了相关规则，并且得到了妥善的执行？ 在出现违反规则的情况下，是否及时采取了必要的措施？
行　为	教师是否以身作则，为学生树立了良好的行为榜样？ 在课堂学习过程中，学生是否能够保持专注，未出现使用手机、分心等不当行为？ 学生是否有记录课堂内容的习惯？ 学生是否积极参与课堂互动和各项活动？

表 4-5 揭示，人文学习环境的构建涉及诸多方面，其进程并非如物理环境般迅速与简单，可能贯穿于整个教学活动，甚至需长期坚持。积极教学法强调，师生关系的和谐是教学成功的根本，远胜于单纯的学术成绩。当学生在学习中感受到接纳、认可与成就感，他们才会发自内心地跟随教师探索，产生真正的学习欲望，从而充分激发其主观能动性。

除了和谐的师生关系，教师在教学过程中还强调了以下“更重要”的方面：①激发兴趣、主动探索的重要性远超被动接受与死记硬背；②增强学生的自信心比单纯掌握知识点更为重要；③学会一种有效的学习方法比单纯掌握知识本身更具价值；④能解决实际问题比系统地学习所有知识点更为关键；⑤交流沟通的能力比书面阐述更为核心；⑥团队协作的精神比个人突破更为重要；⑦良好的学习态度比单纯的学习结果更具长远意义。

因此，无论是课前的教学设计，还是课堂的实际教学，乃至课后的反思，都应特别关注上述方面，以逐步构建一个积极、健康的人文学习环境。

（二）积极法教学过程实施

美国缅因州国家训练实验室进行了一项研究，该研究将学生分为七组，每组采用不同的学习方式：听讲、阅读、视听、观看演示、讨论、实际演练和教授他人。两周后，对每组学生进行测试，以评估他们对所学内容的记忆保持率或留存率。结果表明，“听讲”的方式在记忆留存率上表现最低，仅为5%。这一发现对传统课堂的教学模式提出了挑战，因为传统课堂往往以“老师讲，学生听”为主。

积极教学法强调，教师在课堂中应减少讲解时间，并设计多样化的课堂活动，以鼓励学生积极参与。这种方法旨在将学生的被动学习状态转变为思考、探索和总结的过程，从而真正将课堂的主体地位归还给学生。这种方法的核心理念是“以学生为主体，以教师为主导”。

为实现这一转变，积极教学法提供了一系列具体、可行的方法和策略，以及实施时的注意事项和标准。在教学组织与实施过程中，教师可以根据教学内容的特点，采用有导向性提问、小组活动、基于任务单的自主学习、头脑风暴、积极阅读与观看视频、同伴互评、角色扮演和案例研究等方法。这些方法旨在引导学生发挥主动性，深化对知识和技能的理解与应用，并提高他们的信息分析、技术应用、沟通协作和问题解决能力。

在实施课堂教学时，有导向性提问、分组活动、基于任务单的自主学习和改良版头脑风暴等教学活动尤为重要。它们在组织和实施上都有明确的要求和细则，以确保能够有效克服传统教学方法的局限性。

（1）有导向性提问

在课堂上，提问是一种常用的教学方法。然而，在传统的教学方式中，教师往往会突然点名提问，这种方式可能会让一些学生觉得与自己无关而选择偷懒，而被提问的同学则可能会因为措手不及而感到紧张。为了解决这些问题，积极教学法引入了一种名为“有导向性提问”的方法，对传统的提问方式进行了改进。

“有导向性提问”的主要特点在于其注重给学生留下充足的思考时间，并在回答问题时给予及时的引导和鼓励。这种方法不仅关注被提问的同学，还兼顾全班同学的参与和思考。具体实施过程如下。

首先,教师在提问之前会先抛出问题,确保问题的覆盖面广泛,使大部分同学都有机会通过思考获得收获。同时,教师会明确规则,即未经允许,学生不能提前说出答案。这样,在几分钟的思考时间内,每位同学都会积极准备,不确定自己是否会被点名,从而有效防止了一些学生滥竽充数、不主动思考的情况。

其次,当预留的思考时间结束后,教师会点名某位同学回答问题。对于回答正确的同学,教师会给予积极的反馈和鼓励;对于回答有困难的同学,教师会进一步引导,甚至降低问题的难度,如将问答题转化为选择题,以帮助学生找到答案。在整个过程中,教师应尽量保护学生的自尊心,确保及时引导和鼓励的重要性得到体现。同时,教师还应与全班同学保持眼神交流,引导他们对疑难问题进一步思考探索。

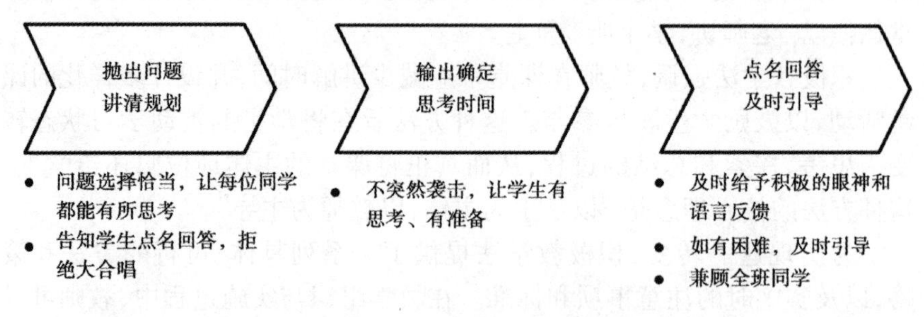

图 4–1　有导向性提问

（2）分组活动

“分组活动”是一种教学策略,旨在通过将学生分成若干小组,独立开展教学活动。该活动的具体流程如图 4–2 所示,其执行步骤严谨而有序。

首先,教师会明确任务或主题,并告知活动的时间框架和预期的成果。例如,学生需要在 10 分钟内完成小组讨论,并将结果以张贴讲解的形式呈现。在此过程中,学生需独立思考,形成自己的观点。

接着,每组会有一位 CEO 负责组织成员轮流分享想法,其他成员则负责倾听并提供反馈。通过这种方式,每个小组都能形成一份共同的学习成果。

同时,教师在活动过程中会巡视各组,确保讨论交流的顺利进行,并及时提供必要的引导。一旦小组内讨论结束,各组的 CEO 将轮流向全班展示他们的学习成果,接受其他组同学的评价和教师的点评。

在所有小组都展示并充分交流后,教师会再次询问学生是否还有疑问,以便及时解答。最后,教师将引导学生对学习过程和内容进行反思,同时给予积极的鼓励。

在进行分组活动时，有几点需要特别注意：首先，每组应设有一名CEO，教师可对其进行简短培训，以确保其能够有效管理小组活动，确保每位成员的参与。其次，教师不能放任学生自流，而应密切观察各组的动态，提供必要的引导和帮助。此外，对于分组活动的任务设计，教师应根据具体情况选择相同或不同的任务，以促进小组间的竞争或交流。

在学生展示学习成果时，教师应及时给予肯定和鼓励，甚至可以设立奖励机制以激发学生的积极性。这种教学方法不仅能够使学生全员参与、独立运用知识开展能力训练，还能培养他们的团队协作和沟通能力，进一步激发他们的集体荣誉感。

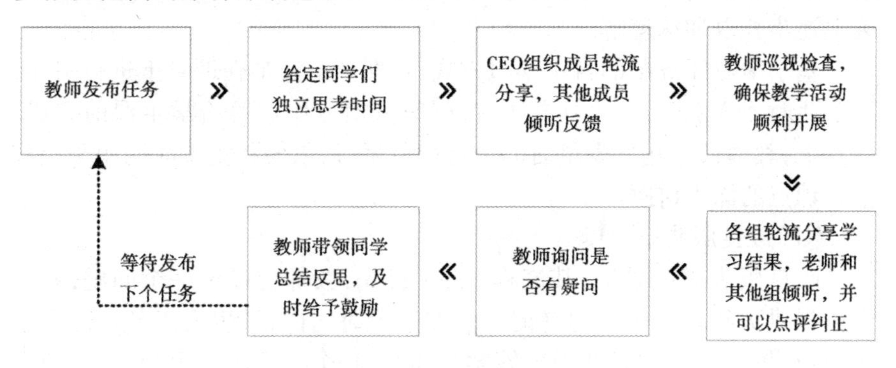

图 4-2　分组教学活动

（3）基于学习任务单的自主学习

在教学环节中，部分学习任务学生完全具备独立完成的能力。若教师仅笼统地布置任务或划定范围，学生可能难以明确学习目标，亦难以准确把握关键内容。为解决这些问题，积极教学法提倡“基于学习任务单的自主学习”方式，其实施流程如图 4-3 所示。具体实施过程如下。

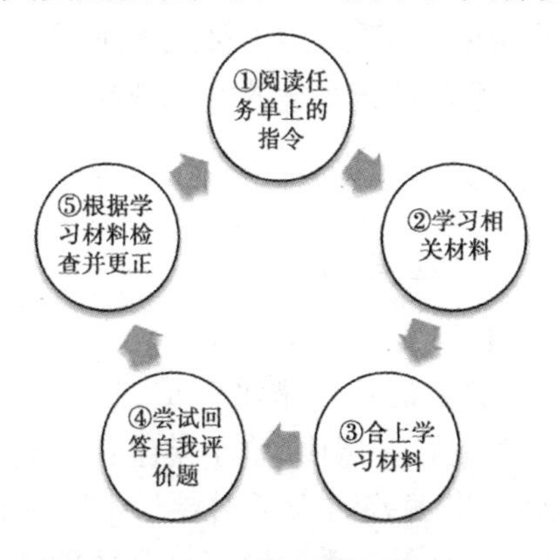

图 4-3　基于学习任务单的自主学习

第一步,学生应仔细阅读任务单上的指导信息。教师在这一环节中需明确指定学习任务,并同时提供“自主学习任务单”。学生应深入理解任务单上的指示,带着问题去学习相关任务内容。

第二步,学生开始深入学习相关材料。教师可根据教学需求,指定教材中的特定内容,或为学生提供必要的学习辅助资料,如视频、相关文章等,以帮助学生更有效地达成学习目标。

第三步,学生应关闭学习材料,尝试在脑海中回顾并整理所学内容。

第四步,学生应尝试回答自我评价题,并依据学习材料检查及修正答案。

第五步,学生应再次检查答案,并进行深入分析。若错误较多,可重复上述步骤以加深理解。

基于学习任务单的自主学习方式,初期可由教师在课堂上进行引导。当学生逐渐掌握这一学习方法后,可作为预习作业留给学生课前完成。课堂上,教师仅需花费少量时间进行简单复习,以便将更多时间用于重难点知识点的深入讲解。

(4)改良版头脑风暴

改良版头脑风暴法,其流程如下:首先,教师会提出一个问题,并为学生提供大约两分钟的思考时间。在这段时间内,学生需以各自的小组为单位,依据个人的思考得出答案。随后,每个小组轮流上台,分享他们的答案,教师将这些答案记录在黑板上。在整个过程中,教师不会对学生的答案进行质疑或评论。同时,鼓励学生在书写过程中,若有新的观点或想法,随时提出。这种集体参与的方式,有助于激发学生的独立思考能力,通过交流不同的观点,进一步拓展他们的思维,提高创造力。

除了上述几种学习方法,积极教学法还包括阅读、观看视频、角色扮演、案例研究、教学游戏设计等多种课堂活动形式。在实际教学中,教师可以根据教学内容的需要,灵活运用一种或多种教学方法,以达到最佳的教学效果。同时,教师还应根据教学的实际效果,及时调整教学策略和技巧,确保教学质量。

(三)多元化课程评价体系

在积极教学法中,学生的地位举足轻重,是学习活动的主体,课堂时间也尽可能地交由学生主导。然而,鉴于学生在专业知识方面的欠缺,他们可能对问题的理解产生偏差。为了引导学生顺利达成学习目标、掌握相关技能,积极教学法运用了一系列恰当且高效的评价策略,从而确保学习效果的稳步提升。

积极教学法倡导实施多元化评价策略，这包括形成性评价、总结性评价和真实性评价等多种方式。这些评价方式应恰当地融入教学的各个环节，共同构建出完整的评价体系。

形成性评价活动涵盖了有效的提问、课堂练习、随堂小测验、课后作业以及自我评价等多种形式。这种评价方式贯穿于整个课程学习过程，具有极其重要的意义，因为它能够为教师和学生提供及时的学习过程反馈。

在传统教学中，总结性评价通常是在课程结束后通过考试给出分数。然而，积极教学法更倾向于在每个模块学习结束后就进行一次测试。待课程全部结束后，再根据各知识模块的成绩按照一定百分比进行计算，最终得出期末成绩。

真实性评价是一种基于“真实世界”情景的完整性评价，它要求学生在实际环境中解决问题或完成任务。这种评价方式既可以是形成性的，用于观察学生的实践过程或自我评价，也可以是总结性的，用于测试学生的综合能力。

第六节　成果导向教学法在环境学课程教学中的应用

OBE（Outcome Based Education，以结果为导向的教学）理念强调教育应该关注学生的实际能力和实际应用能力，而不仅仅是知识点的掌握。OBE 理念下的教育应该是一种“做中学”的教育，即学生在实践中学习，通过完成实际任务和项目，获得真正的学习体验和成就感。

OBE 理念还强调评估方式的创新，传统的评估方式往往注重学生对知识点的掌握程度，而 OBE 理念下的评估方式则更加注重学生的实际能力和实际应用能力。例如，在环境学教学中，教师可以通过设计实际案例和项目，让学生在实践中完成任务和项目，从而评估学生的实际能力和应用能力。

OBE 理念还强调学生的自主性和参与性，学生应该在实践中发挥自己的主动性和创造性，从而获得真正的学习体验和成长。例如，在环境学教学中，教师可以鼓励学生自主选择研究方向和项目，从而提高学生的自主性和创造性。

一、1OBE 实验能力培养理念分析

基于 OBE 教学理念的实践教学基本要求进行分析，高校需要将实验作为有效的载体，落实以学生为本的教学理念，形成 OBE 教育理念实验教学质量保障体系。

（一）促使学生个性化发展

OBE 理念下的高校环境学教学改革与实践，旨在以学生为中心，强调学生的个性化发展。在这种教学理念下，学生不再是被动接受知识的一方，而是主动参与学习过程的主体。因此，高校环境学教学改革与实践应注重学生的个性化发展，使学生能够更好地适应社会需求。

在教学内容方面，应该注重个性化需求的满足。高校环境学教学内容应该根据学生的兴趣和需求进行调整，以满足学生的个性化需求。例如，对于对环保技术感兴趣的学生，可以增加相关技术的学习内容；对于对环境政策感兴趣的学生，可以增加政策分析的学习内容。

在教学方法方面，应该注重个性化教学的实施。高校环境学教学方法应该根据学生的学习习惯和特点进行调整，以满足学生的个性化需求。例如，对于喜欢独立思考的学生，可以采用小组讨论、案例分析等教学方法；对于喜欢动手实践的学生，可以采用实验操作、实地考察等教学方法。

在教学评价方面，应该注重个性化评价的实施。高校环境学教学评价应该根据学生的学习成果和个性化需求进行评价，以满足学生的个性化需求。例如，评价标准应该多元化，不仅包括知识掌握程度，还包括学生的实践能力、创新能力、团队合作能力等方面。

（二）培养学生的实践操作能力

在 OBE 理念下，高校环境学教学改革与实践注重培养学生的实践操作能力。实践操作能力是指学生在实际操作中运用所学知识和技能的能力，是学生将理论知识转化为实际能力的关键。在环境学教学中，实践操作能力的培养是提高学生综合素质、适应社会发展需求的重要

途径。

实践操作能力培养应贯穿于整个环境学教学过程。从课程设置、教学内容、教学方法到评价体系,都应注重实践操作能力的培养。例如,在课程设置上,可以增加实验、实习、实践等环节,让学生在实际操作中掌握所学知识;在教学内容上,应注重理论与实践相结合,让学生在理论学习的基础上,通过实践加深对知识的理解和运用;在教学方法上,可以采用案例教学、项目驱动、合作学习等方式,激发学生的学习兴趣,提高实践操作能力。

实践操作能力培养应注重培养学生的动手能力。环境学是一门实践性很强的学科,学生需要在实际操作中掌握各种实验技能,如采样、监测、分析等。因此,在实践操作能力培养过程中,应注重培养学生的动手能力,让他们在实际操作中熟练运用所学知识。例如,在实验环节,教师可以引导学生自主设计实验方案,并指导学生进行实验操作,使学生在实践中掌握实验技能;在实习环节,可以组织学生到实地考察、调查,让学生在实际工作中锻炼能力。

实践操作能力培养应注重培养学生的团队协作能力。在环境学教学中,学生往往需要与他人合作完成一些实践任务,如调查、分析、报告等。因此,在实践操作能力培养过程中,应注重培养学生的团队协作能力,让他们在团队中共同完成任务,提高团队整体实力。例如,在实践环节,可以组织学生进行小组合作,共同完成一个实践项目,使学生在合作中提高实践操作能力。

实践操作能力培养应注重培养学生的创新意识。在环境学教学中,学生需要在实际操作中提出创新性想法,解决实际问题。因此,在实践操作能力培养过程中,应注重培养学生的创新意识,让他们在实践中不断探索、创新,提高实践操作能力。例如,在实践环节,可以引导学生针对实际问题提出创新性解决方案,使学生在实践中培养创新意识。

(三)实施教师培训,强化教师队伍

在 OBE 理念下的高校环境学教学改革与实践中,实施教师培训,强化教师队伍是至关重要的环节。通过提高教师的教育教学水平和专业素养,可以更好地实现 OBE 理念,培养出具备实际应用能力的高素质环境学人才。

一是要对教师进行环境学相关知识的培训,主要包括环境学的基本概念、理论体系、研究方法、环境保护政策法规等内容。通过培训,教师可

以更好地理解环境学的基本原理，掌握环境学的研究方法，从而在教学中更好地引导学生学习环境学知识。

二是要对教师进行教育教学能力的培训，主要包括如何设计有效的教学活动、如何使用多媒体教学手段、如何进行课堂管理和组织学生进行实践活动等内容。通过培训，教师可以更好地运用教育教学方法，提高教学效果，培养学生的实际应用能力。

三是要对教师进行职业道德和职业素养的培训，主要包括如何树立正确的教育观念、如何遵循教育法律法规、如何尊重学生人格尊严等内容。通过培训，教师可以更好地树立职业道德，规范自己的行为，为学生树立良好的榜样。

四是要对教师进行教学评价和反思的培训，主要包括如何进行教学评价、如何进行教学反思和改进、如何提高教学效果等内容。通过培训，教师可以更好地进行教学评价和反思，不断提高自己的教育教学水平。

二、OBE 理念下高校环境学教学改革策略分析

（一）构建产出导向实验教学大纲，创新实验教学内容

OBE 理念下的高校环境学教学改革与实践，旨在实现教育目标与实际应用的紧密结合，培养具有创新精神和实践能力的应用型人才。其中，构建产出导向实验教学大纲，创新实验教学内容，是实现这一目标的重要途径。

首先，需要明确实验教学大纲的构建原则。实验教学大纲应遵循以下几个原则。

目标导向。实验教学大纲应紧密围绕课程教学目标，确保实验教学内容与课程目标的有机结合。

实际应用。实验教学大纲应充分考虑实际应用需求，确保实验教学内容具有现实意义和价值。

创新性。实验教学大纲应具有一定的创新性，以激发学生的学习兴趣和积极性，培养学生的创新思维和实践能力。

可操作性。实验教学大纲应具有可操作性，方便教师和学生进行实验教学和实践操作。

在遵循以上原则的基础上，我们应着手构建产出导向实验教学大纲。

产出导向实验教学大纲的构建,需要从以下几个方面进行。

分析课程教学目标。明确课程教学目标,将目标分解为一系列具体的实验教学目标,确保实验教学内容与课程目标的有机结合。

调查实际应用需求。结合行业发展趋势和社会需求,调查环境学领域的实际应用需求,确保实验教学内容具有现实意义和价值。

整合创新性实验教学内容。根据课程教学目标和实际应用需求,整合相关领域的创新性实验教学内容,激发学生的学习兴趣和积极性,培养学生的创新思维和实践能力。

设计可操作性实验教学大纲。结合实验教学内容的特点,设计具有可操作性的实验教学大纲,方便教师和学生进行实验教学和实践操作。

(二)明确产出导向教学目标,创新实验教学手段

OBE 理念强调的是以学生为中心,注重学生的综合能力和实践能力的培养。因此,高校环境学教学应该从学生的需求出发,明确教学目标。在环境学教学中,教学目标应该明确、具体、可测量、可实现,并且要与学生的学习成果和能力发展紧密相连。例如,教学目标可以设定为:使学生具备环境科学的基本知识和技能,具备环境问题的识别、分析和解决能力,具备环境科学的研究方法和思维能力,具备环境科学的国际视野和创新精神。

在环境学教学中,实验教学是培养学生实践能力和创新能力的重要手段。传统的实验教学手段已经不能满足现代环境学教学的需求。因此,高校环境学教学应该创新实验教学手段,提高实验教学的质量和效果。例如,可以采用虚拟实验室、模拟实验、实验设计竞赛等多种形式进行实验教学。虚拟实验室可以让学生在计算机上模拟实验过程,提高学生的实验技能和操作能力;模拟实验可以让学生在模拟的环境中进行实验,提高学生的实验设计和分析能力;实验设计竞赛可以让学生在团队合作中完成实验设计,提高学生的团队协作和创新能力。

(三)创新实验考核方式,调动学生实验学习的兴趣与热情

可以采用多元化的实验考核方式,如实验报告、实验设计、实验操作和实验报告等多种形式。这样,学生可以根据自己的兴趣和特长选择不同的考核方式,从而提高他们的学习兴趣和热情。

可以通过设置实验竞赛，激发学生的竞争意识和合作精神。实验竞赛可以吸引更多的学生参与实验学习，同时也可以促进学生之间的交流和合作，提高实验学习的效果。

可以采用实验教学与实际应用相结合的方式，让学生在实践中学习环境学知识。例如，我们可以组织学生到实地考察，观察和记录不同环境下的环境问题，然后让学生运用所学知识进行分析和解决。

可以采用在线实验教学的方式，提高学生的自主学习能力和实验技能。在线实验教学可以让学生随时随地进行实验学习，提高他们的学习效率和实验技能。

（四）运用现代化实验教学手段，融入科研内容

在当前高等教育改革的背景下，环境科学专业作为一门实践性、应用性强的学科，需要不断探索新的教学方法和手段，以适应社会需求和提高学生的综合素质。其中，运用现代化实验教学手段，融入科研内容，是实现这一目标的有效途径。

现代化实验教学手段可以提高学生的实践能力。传统的教学方式主要依赖于理论知识的传授，而现代化实验教学手段可以让学生直接参与实验操作，亲身体验科学实验的过程，从而加深对理论知识的理解和掌握。此外，现代化实验教学手段还可以为学生提供更加丰富、真实的实验数据，有助于提高学生的实验技能和数据处理能力。

融入科研内容可以激发学生的学习兴趣和科研意识。在环境科学教学中，融入科研内容可以帮助学生了解最新的研究动态和发展趋势，激发他们对科学研究的兴趣和热情。同时，科研内容的融入还可以引导学生从实际问题出发，进行深入的思考和探索，培养他们的创新能力和科学素养。

在环境科学教学中，运用现代化实验教学手段，融入科研内容的具体实践可以从以下几个方面展开。

在教学内容的设计上，教师可以结合自身的科研方向，将最新的研究成果和实际案例融入教学，使学生能够在学习过程中感受到科学研究的魅力和价值。

在教学方法的选择上，教师可以运用现代化的实验教学手段，如虚拟仿真技术、数据挖掘技术等，来模拟和再现复杂的科学实验过程，使学生能够在虚拟环境中进行实验操作，提高实验技能和数据处理能力。

在教学评价上，教师可以结合科研项目的实际情况，设计合理的评价体系，鼓励学生参与科研活动，提高学生的科研素养和综合能力。

第七节　PBL 教学法在环境学课程教学中的应用

PBL（Problem-based Learning），即基于问题的学习法，是一种教学模式，其核心在于构建一个复杂且贴近现实的问题情境。学生被鼓励融入此情境，并通过小组协作的方式展开学习。这种模式的主要目的是激发学生的学习积极性，并提升其分析、解决问题的能力。建构主义理论为 PBL 提供了理论基础，它强调学生在现实类情境中体验与感悟的重要性，以及教师在创设情境、引导解决问题中的关键作用。

一、总体设计依据

将 PBL 教学法与实践教学法相结合，可以发挥两者的优势，提升教学效果。首先，这种结合有助于弥补 PBL 教学法中教学目标与实际生活脱节的问题，使设计的问题更加贴近生活实际，更好地服务于培养目标。其次，这种结合能够增强学生的参与感，引导学生全程参与目标设定、要求制定和流程设计，鼓励他们进行思考、讨论、信息共享和提出解决方案，从而提升他们的自主学习能力、合作探究能力和创新思维。

此外，结合教学法还注重学生能力的提升，包括启迪思维、培养学习热情、变被动学习为主动学习、拓展联想空间等。这种方法不仅关注学生对具体问题的解决能力，还注重提升他们对一类问题的解决能力。最后，通过突破课堂和书本知识的限制，结合教学法能够引导学生充分利用其他教学资源，提高相关知识的全面获取。

二、具体设计过程

(一)基于目标设置问题

为了实现预定的知识、能力和素质目标,问题的设计及其引导方式显得至关重要。这要求我们不仅要关注课前的引导问题发布,还要重视课中及课后的问题设置及其引导策略。以环境污染修复课程为例,为了让学生全面理解相关概念、内涵及修复的主要类型、对象和任务,我们需在问题设置的过程中融入引导策略,从而在达成知识目标的同时,也能有效提升学生的能力和素质。

在课前阶段,基于 PBL 学习理论,可以在智慧课程平台上发布与本节课内容紧密相关的问题,引导学生明确学习方向,激发他们查找相关资料和发现问题的热情。学生可以在此基础上,依托慕课资源或其他网络视频资源,深入探索与问题相关的内容及案例,进行线上学习,并整理归纳所学知识和问题。

在课程学习过程中,例如,针对环境修复的概念,教师可以通过案例导入的形式,展示环境修复前后的对比图,引发学生思考,类比人类环境的重要性,并提出问题:如何修复受损的环境?这样的教学方式不仅能帮助学生理解概念,还能提升他们发现问题、分析问题的能力,同时增强他们的环保意识和责任感。

此外,教师还可以通过对比分析、图像直观等方式,引导学生深入理解环境修复的概念,并探讨其在不同情况下的应用。通过概念建构分析图,培养学生的逻辑思维能力,让他们能够主动归纳和总结所学知识。

在教学过程中,教师还应不断提出问题,引导学生从多个层面思考环境修复的内涵。例如,教师可以展示逻辑思维导图,引导学生理解污染环境与健康环境的界定,以及环境修复与环境净化的辩证关系。通过讨论分析和对比分析,提高学生的归纳概括能力,帮助他们更全面地理解环境修复的意义和价值。

(二)依据反馈、合理调控

反馈信息的获取对于教学质量至关重要。首先,通过查看教学智慧软件中的学生帖子回复，可以精准识别学生在知识理解上的盲点和薄弱环节。经过归纳统计，结合理论知识和实际应用，教师能够更加精确地设计课程教学内容。其次，实时教学过程中的学生反馈是调整教学策略的关键。根据学生的听课状态、问答互动以及小组讨论情况，可以灵活调整授课节奏和内容，确保教学更具针对性和实效性。此外，课后的学生作业和小测验结果也是获取反馈的重要途径。通过深入分析这些反馈信息，教师能够更加准确地评估学生对知识的掌握情况，并据此调整后续的教学策略。最后，还应积极与学生沟通交流，关注他们的学习状态和能力提升，以及情感态度变化，为下一轮教学提供有力支撑。

（三）联系所学、温故知新

联系已有知识，深化理解，进而获取新知，其实现途径有二：其一，在课堂学习过程中，应善于将新知识与旧知识相联系，通过适时提问和引导，促使学生回顾已学内容，形成系统的知识体系。以环境修复类型课程为例，可首先提出问题，结合学生已掌握的专业知识，引导他们从污染环境的修复工作角度进行分析，如按照修复对象或方法的分类进行讨论。这种分类思考的方式不仅培养了学生的发散思维，还提高了他们分析和解决问题的能力。随后，通过总结讲授，从环境修复对象和方法的角度进行分情况分析，进一步导出环境修复技术的内涵，帮助学生深入理解。在此过程中，学生还能通过逻辑建构分析法，理解技术与目标之间的逻辑关系，从而更全面地掌握相关知识。其二，通过实践教学活动，将理论知识与实际生活相结合，探究相关案例及应用进展，归纳所涉及的专业知识，并进行归类分析。这种探究学习方式不仅能提高学生的查阅资料、归纳概括、小组合作和语言表达能力，还能帮助他们在实际问题中发现解决方法，巩固和深化所学知识。例如，可以组织主题形式的案例PPT试讲活动，让学生分组合作，从查阅资料、整理归纳知识、制作 PPT 到最终试讲，全程参与实践教学活动。这不仅是对所学知识的复习巩固，还能通过互评和讨论，收集学生的反馈信息，以评估他们的学习能力、语言表达和情感态度等方面的表现。

第五章　数字化转型背景下环境学教师专业化发展

在数字化转型的大背景下，环境学教师的专业化发展迎来了新的机遇和挑战。随着数字技术的广泛应用，环境学教师需要不断更新自身的知识和技能，以适应数字化教学的需求。这不仅包括掌握各种数字化教学工具和平台的使用技巧，还涉及对大数据、人工智能等前沿技术的理解和应用。通过数字化转型，环境学教师可以利用丰富的数字资源，设计更具创新性和实效性的教学活动，提高教学效果。同时，数字化技术也促进了环境学教师之间的交流和合作，通过在线研讨、资源共享等方式，实现专业知识的不断更新和深化。此外，数字化转型还推动了环境学教师评价体系的改革，更加注重教师的教学能力和学生反馈，为教师的专业化发展提供了更加科学的评价依据。

第一节　数字化转型背景下环境学教师面临的挑战和机遇

物质资源共享的时代已经开启其新篇章，我们有理由相信，数字知识资源共享的时代也必将紧随其后，崭露头角。信息技术，以其日新月异的进步，带来了诸多新技术、新设备的涌现，这些技术和设备在教育领域的深度融合应用，正深刻改变着传统的教育理念、模式和方法。

一、教育数字化转型概述

随着这种融合的不断深入，新的教育教学模式如雨后春笋般不断涌现、创新，为教育事业注入了新的活力。这一过程中，教育要素的数字化转变尤为显著，它引领着教育形态的深刻变革。可以说，几乎所有的教育要素都在经历或已经经历了很大的改变。这种改变不仅体现在教学工具、学习方式等表面层面，更深入到教育理念、教育目标等深层次。

（1）教育形态正向数字化转变。技术作为推动人类文明进步的根本动力，其影响深远且广泛。随着技术的不断创新发展，人类社会文明形态得以不断演变，教育作为社会文明的重要组成部分，同样经历了深刻的变革。

在农业社会，教育主要以家庭教育为主体，孩童通过日常生活和生产中的朴素教育以及师徒制的形式接受一些民间专门技术教育。由于生产力和经济状态的限制，教育规模较小，知识主要由教师垄断，教育形式以个别化教学为主，缺乏统一的标准和效率。

进入工业社会后，随着生产力和科技的飞速发展，教育形态也逐步向规模化、标准化和高效化转变。公办学校教育机构不断增加，学校教育逐渐成为教育的主体，实现了教育的规模化发展。然而，这种教育形态也带来了一定程度的知识垄断和缺乏个性的问题。

如今，人类正步入信息社会，信息成为比物质或能量更重要的资源。在这个时代，互联网和移动互联网的普及，使得知识获取的方式发生了根本性变化。人们可以随时随地通过网络获取所需的知识，学习形式也变得更加灵活和个性化。在线教育的发展更是为知识传承类教育提供了新的可能。

互联网不仅改变了知识获取的方式，也正在颠覆和改变传统行业形态，包括教育在内。新型的教育形态和教学模式的发展已是大势所趋，众多高校和教育专家已经开始转变教育观念，探索和实践新的教育模式。

然而，互联网对教育的影响并非完全取代传统教育，而是拓展教育形式，提供更加多样化和个性化的学习选择。在线教育可以取代部分知识传承类的教育，但人际交往类和文明发展类的教育仍需要传统教育的支持和引导。

因此，我们应该积极拥抱互联网带来的教育变革，充分利用其优势，推动教育的创新和发展。同时,也要保持对传统教育的尊重和借鉴,发挥其独特的作用和价值。只有这样,我们才能构建一个更加完善、高效和公平的教育体系,为人类的进步和发展做出更大的贡献。

(2)教育要素正在发生深刻变革。随着科技的飞速发展,未来的学校形态将发生深刻变革。教育者的角色和范围正在发生显著变化,受教育者的学习方式和态度也在发生转变,教育手段也在发生深刻变革。传统教育技术主要利用广播、电视、计算机等技术服务于教学传播渠道,解决学习渠道问题。然而,现在的教育技术已经远远超出了这个范畴,涵盖了教学管理、学习方式、考试评价等多个方面。在线教育形式和种类的多样化发展,智能化校园的建设,以及数字教育资源的共建共享等,都推动了教育教学管理的精准化和决策的科学化。

相比之下,许多教师则属于互联网移民,他们可能更倾向于传统的教学方式,这在教学实践中可能带来一些挑战。因此,未来的学习模式将更加注重突破时空限制,强调学习态度的转变,从被动的课堂灌输式教学转向主动选择学习。此外,教育内容也在不断更新和扩展。随着科学技术的快速发展,新知识呈指数级增长,教育内容的更新速度也在加快。特别是在信息技术的推动下,数据、知识和信息的迭代速度越来越快,这要求教育者不断更新知识体系,以适应时代发展的需要。同时,对于大多数人来说,正规学校教育时间可能只占终身学习时间的很小一部分,因此终身学习观念变得越来越重要。

二、教育数字化及其带来的机遇

随着信息技术的迅猛发展和不断创新,教育领域正迎来前所未有的变革。数字校园、网络课堂、智慧学习、实时监测以及大数据人工智能评价等全新模式的出现,不仅推动了教育进入数字时代的新形态,更使得教育展现出全新的特质,为教育的发展带来了新的机遇。数字校园的建设为师生提供了更为便捷、高效的学习和交流平台。通过数字化手段,校园内的各种资源得以整合和优化,使得教育资源的获取更加便捷。同时,数字校园还为学生提供了个性化的学习路径,满足了不同学生的学习需求。例如,网络课堂的兴起打破了传统教育的时空限制,使得学习不再受地域和时间的束缚,学生可以通过网络随时随地参与到课堂学习中,与教师和同学进行互动交流。这种学习方式不仅提高了学生的学习效率,还拓宽了他们的知识视野。智慧学习模式的出现,使得学习变得更加智能化和个性化。通过利用大数据、人工智能等技术手段,系统可以对学生的学习情况进行实时监测和分析，为他们提供精准的学习建议和反馈。这种学习方式有助于激发学生的学习兴趣和动力，提高他们的学习效果。实时监测技术的应用也使得教育过程更加透明和可控。学校可以通过实时监测学生的学习进度、行为习惯等信息，及时发现问题并进行干预和指导。这有助于提高教育的针对性和有效性，促进学生的全面发展。大数据人工智能评价则为教育评价带来了革命性的变革。传统的评价方式往往依赖于人工的观察和判断，存在着主观性和不准确性等问题。而大数据人工智能评价则可以通过对大量数据的分析和挖掘，得出更加客观、准确的评价结果。这有助于发现学生的潜在能力和优势，为他们提供更加个性化的教育方案。

（1）教育数字化呈现的特质。数字时代的校园，已不再是单纯物理意义上的几幢教学楼，而是现实与虚拟交融的学习殿堂。网络如同血脉般贯穿校园的每个角落，教育教学管理的每个环节都沐浴在数字化的阳光下。移动互联的便捷、教育云课堂的丰富以及数字图书馆的无尽宝藏，为师生们随时敞开了一扇通往知识海洋的大门。

在数字时代的课堂上，传统的知识灌输与被动接受模式已被活泼有效的师生互动所取代。VR/AR 等增强技术的运用，使得学习场景更加真实生动，仿佛身临其境。

（2）教育受众更广泛，推动优质教育的普及化。无论是在城市还是乡村，无论是在学校还是家中，只要有互联网连接，学生就可以随时随地访问在线平台上提供的教学内容，从而有机会接触到高质量的教育资源。另外，数字技术促进教学方式转型，进一步扩大学生受教育的机会。传统的课堂教学方式受限于时间和地点，而数字技术的广泛应用使得教育资源的获取变得更加灵活、方便。学生可以利用移动设备随时随地学习，不再受到时间和空间的限制。同时，虚拟现实技术等先进技术的应用，使得学生可以进行实验和模拟，提高学习效果和兴趣。这种教学方式转型不仅提高了教学质量，还使得更多学生能够享受到优质教育。因此，数字技术在教育领域的应用不仅为更多人提供了接受高质量教育的机会，还推动了教育方式的创新和发展。然而，我们也需要意识到，数字技术在教育中的应用还面临着一些挑战，如数字鸿沟、信息安全等问题。因此，在未来的发展中，我们需要继续探索和研究如何更好地利用数字技术来促进教育的普及和发展，同时加强信息安全管理，确保数字技术在教育中的安全应用。

（3）教学设计更智能，关注学习体验的个性化。在探讨数字技术对教育的个性化推动时，可以从宏观和微观两个层面进行深入分析。从宏观层面来看，数字技术极大地拓展了教学资源的获取渠道和教学方式。通过互联网和多媒体资源，教师可以轻松地获取丰富的教学材料，将抽象的知识以更直观、生动的方式呈现给学生。同时，在线学习平台、虚拟实验室等新型教学工具的出现，使得学生可以突破时间和空间的限制，随时随地进行学习。这种教学环境的变革为个性化学习提供了良好的土壤。在微观层面，数字技术通过精准的数据分析，实现了对学生学习进度、兴趣爱好和能力的全面了解。基于这些数据，教师可以为每个学生制定个性化的学习计划，提供针对性的教学指导。例如，对于学习进度较慢的学生，教师可以调整教学难度和节奏，帮助他们逐步建立学习信心；对于兴趣点不同的学生，教师可以设计不同的教学内容和活动，激发他们的学习兴趣和动力。

三、教育数字化所面临的挑战

尽管互联网等信息技术的普及为教育带来了前所未有的发展机遇，但我们仍需清醒地认识到，教育是涉及众多利益相关主体的系统工程，因此在互联网推动下的教育变革仍面临着不小的挑战。其中，师生观念的差异是一个不容忽视的问题。如今的学生，作为与网络共生的一代，他们熟练地借助网络生活，本能地通过屏幕学习，对于在线教育有着天然的接受度和亲近感。然而，许多教师却习惯于传统的书本学习和灌输式讲授方式，对于这种新的教学模式感到陌生甚至抵触。这种观念上的差异，在短时间内难以完全弥补，从而可能对在线教育的发展产生一定的阻碍。

为了克服这一挑战，当务之急是从软件和硬件两个方面着手，建立适应教育数字化的师资队伍和教育环境。在软件方面，加强对教师的培训，帮助他们更新教育观念，掌握在线教育的教学方法和技能，使他们能够更好地适应这种新的教学模式。在硬件方面，加大对教育信息化的投入，建设和完善在线教育平台，提供高质量的数字化教学资源，为师生创造一个良好的在线教育环境。

同时，还需要关注其他利益相关主体的需求和利益，如教育主管部门、学校和家长等。教育主管部门应制定相关政策，引导和规范在线教育的发展；学校应积极参与在线教育的实践，探索适合本校特色的教学模式；家长也应理解和支持在线教育，为孩子创造一个良好的学习环境。

（1）教育信息化基础设施不足。互联网教育的推广与发展离不开完善的硬件基础设施支撑。当前，我国在网络接入和网络普及方面仍有待加强，尤其是针对那些尚未有条件使用互联网或网络带宽过低的数亿国民，以及部分地区中小学教育信息化基础设施建设的城乡差异问题。

政府应下大力气扩大网络接入范围，提高网络普及率。通过加大投入，推动宽带网络和移动网络的普及，特别是在偏远地区和农村地区，确保更多人能够享受到高速、稳定的网络服务。同时，建设绿色的教育专网，为教育提供专门的、低成本的宽带服务，确保教育资源能够公平、高效地传输到每一个角落。

为保证开放共享的活力，政府还需制定相应的管理规则和激励政策。这些规则和政策应确保教育资源的公平分配和高效利用，同时激发各方参与教育信息化建设的积极性和创造性。通过多方参与和竞争，共同推进教育事业的数字化转型，早日进入数字时代的教育形态。

（2）教师信息化素养亟待提高。这在一定程度上阻碍了在线教育的发展，使其在互联网发展多年后仍然进展缓慢。

教育工作者对信息技术与教育的深度融合发展认识不够深入，主动性不强，对互联网这一重要工具的开发使用不熟悉，这是在线教育发展缓慢的一个重要原因。因此，我们需要加强对教师的信息化技术培训，提升他们的信息素养，使他们能够更好地适应信息化社会的发展要求。

（3）教育数字化转型规则先行。随着信息技术的迅猛发展，各行各业都受到了深刻的影响，然而，在教育领域，尽管在线教育等新形式逐渐兴起，但由于教育行业的特殊性，其变革的步伐相对较慢，尚未产生革命性的影响。其中一个重要的原因是目前在线教育在学习机制上尚未有效解决学习动力不足的问题，导致学习者难以坚持并完成课程。

为了充分发挥在线教育的潜力，不仅需要提供多样化的学习方式，还需要加强教学监督、督促和助学服务，确保学习者能够取得良好的学习效果。慕课等在线学习平台为学习者提供了新的学习途径和手段，但要让这些平台真正发挥作用，还需要制定新的规则，并配套线上线下的教学助学服务。

我们要加强信息技术课程的普及和提高，提高全民族的信息化素养，为国家的信息化发展奠定坚实的基础。

（4）教育治理层面。本土化的规律有待进一步挖掘。研究方法的科学性不足也制约了本土化规律的挖掘和应用。一些研究方法过于简单粗糙，难以深入挖掘本土规律；同时，部分研究人员缺乏对本土文化和语言的深入了解，也导致其难以有效挖掘和应用本土规律。这种研究方法的局限性不仅影响了我们对基础教育治理本土规律的认识和理解，也制约了我们在实践中对这些规律的有效应用。

因此,为了推动基础教育数字化治理的本土化进程,我们需要从治理理念、基层参与和研究方法等多个方面入手,加强本土化规律的挖掘和应用。具体来说,我们应当结合中国本土实际,形成具有中国特色的数字化治理理念;加强基层参与,建立有效的沟通机制,确保政策制定能够真正反映基层需求;同时,提升研究方法的科学性,深入挖掘和应用本土化规律,为基础教育数字化治理提供有力支撑。

第二节　应对数字化转型:未来教师素养内涵、要素

数字素养在信息技术迅猛发展的当代社会显得尤为重要,它不仅是人们取得竞争力的必备技能,也是推动经济社会数字化转型的关键。然而,目前针对体育教师数字素养的研究相对较少,缺乏明确的研究成果。智慧校园、数字教材以及线上线下混合教学等已成为数字技术深度融入教育的鲜明标志,这些变革不仅重塑了教育系统的面貌,也对教师角色提出了新的挑战和要求。在这种背景下,教师不再仅仅是知识的传授者,更应成为知识信息、数字资源智能传播与呈现的引领者,基于学生的学习数据和反馈进行个性化教学的决策者和分析者,同时在智能时代扮演好学生情感辅导的重要角色,并在非常规的班级和行政管理中发挥人力保障作用。

要成功扮演这些角色,教师需要具备相应的专业储备。这种专业储备涵盖了多个关键维度和要素。首先,教师需要掌握数字技术的基本知识,包括数字教材的制作与使用、线上线下混合教学的设计与实施等,以便能够高效地将数字技术融入教学中。其次,教师需要具备数据分析和处理能力,以便能够根据学生的学习数据和反馈进行个性化教学决策。此外,教师还需要具备情感教育和心理辅导的能力,以帮助学生更好地应对学习压力和情感挑战。最后,教师还应具备班级管理和行政协调的能力,以确保教学秩序和学校工作的顺利进行。为了培养这些专业储备,教师可以采取多种途径。一方面,可以通过参加专业培训、研讨会等方式,学习最新的数字教育技术和教学理念;另一方面,可以通过教学实践和反思,不断积累经验,提升自己的教学水平和专业素养。此外,教师还可以积极参与学校的教育改革和创新项目,通过实际项目的实施,提升自己

的实践能力和创新能力。

一、教师专业数字素养内涵透视

教育数字化转型的内涵确实丰富而深远,它不仅仅是一个技术层面的问题,更是一个涉及战略、系统、能力以及驱动因素等多方面的综合性变革。

1. 战略层面的转型是教育数字化转型的基石。它要求教育机构在价值观、思维方式和战略方向上实现优化、创新和重构,形成数字化意识和数字化思维。这意味着教育机构需要清晰地认识到数字化转型的重要性,将其纳入整体发展战略,并明确转型的目标和路径。只有这样,教育机构才能在数字化转型的过程中保持正确的方向,确保转型的顺利进行。

2. 系统性变革是教育数字化转型的关键。它要求我们从教育的各个要素、流程、业务和领域入手,全面推动数字化转型。这包括但不限于学生学习方式的改变、课堂教学模式的创新、教育管理和评估的数字化等。同时,还需要关注智慧教育生态的建设,通过整合各方资源,打造良好的数字化教育环境,为教育数字化转型提供有力支撑。

3. 政策、技术和人才是推动教育数字化转型的关键驱动因素。要真正提升课堂教学的质量和价值,不能仅关注这些单一要素。实际上,数据素养、信息素养、信息技术应用能力等要素是相互关联、相互影响的,它们共同构成了教师数字素养的完整体系。如果教师在接受相关知识时缺乏对数字技术应用于教学的伦理道德和主体意识的理念,可能会产生排斥心理,这将妨碍他们获取高水平的数字能力。因此,我们需要从更宏观、更整体的视角来探究教师专业数字素养的构成。具体而言,除了上述提到的要素外,教师的数字素养还应包括他们对数字技术的认识和理解、对数字资源的有效利用能力,以及在教学创新中的数字技术应用能力等方面。同时,教师还需要具备在数字时代进行教学活动的伦理道德观念和主体意识,以确保数字技术的应用能够真正服务于教学,提升学生的学习效果。

教师专业数字素养是数字技术深入教育领域后对教师专业素养的新要求,它与数字技术的运用紧密相关,体现了教师在数字化时代的教学能力。随着数字技术逐渐融入现代教育中,它在教学中的应用已经变得不可或缺。具备专业数字素养的教师,不仅能够准确地判断数字技术在教学中的适用场景,还能够引导学生批判性地使用数字技术,从而更有效地提升教学效果。通过加强理论研究和实践探索，为教师提供专业的数字素养培养路径，以实现教师专业发展的提质增值。

二、教师专业数字素养核心要素

在数字能力方面，现有研究主要关注了教师在数字技术影响下的解读学生学习数据、优化课程资源以及师生互动的能力。这些能力是教师在数字环境中进行有效教学和互动的关键。基于上述理解，可以构建一个由内圈到外圈、从隐性到显性的教师专业数字素养结构模型。内圈是教师的数字理念，即主体意识，这是教师数字素养的核心和灵魂，驱动着教师的行为和决策。中圈是教师的数字知识，包括数字技术本体性知识、数字技术方法性知识、学科知识以及学生发展知识，这些知识为教师提供了应用数字技术的基础和支撑。外圈则是教师的数字能力，包括解读学生学习数据、优化课程资源以及师生互动的能力，这些能力是教师在数字环境中进行实际教学和互动的关键技能。通过这样的结构模型，可以更清晰地理解教师专业数字素养的构成和内涵，为培养和提升教师的专业数字素养提供有力的理论支持和实践指导。

维度一，数字理念：教师专业数字素养的内隐力量

数字理念是教师在数字技术应用于教学过程中的核心指导思想，它决定了教师对数字技术的认知、态度和应用方式。这一维度是教师专业数字素养结构中最隐性的部分，但却起着至关重要的牵引作用。

要素一：数据伦理和道德。随着数字技术在教学中的广泛应用，教育大数据的生成和使用变得日益普遍。教师作为数据的收集者和使用者，必须具备强烈的数据伦理和道德意识。他们应确保数据的获取和使用合法合规，保障数据的真实、完整和规范。此外，教师还应关注数据对学生隐私的影响，确保在尊重学生权益的前提下合理利用数据。

要素二：社会情感。在数字时代，教师的社会情感素养显得尤为重要。教师应具备与他人合作、共享数据和知识的意愿和能力，能够积极参与教学共同体的构建。同时，教师还应具备信息评估和抽象思维的能力，能够批判性地看待数字技术带来的信息，并在教学过程中与学生共同构建知识。

要素三：主体意识。教师作为数字技术的应用主体，应保持对教育实践的操控力，确保数字技术的应用服务于教学需求。教师应以“教学需要数字技术做什么”为出发点，以“为数字技术赋予教学价值”为着力点，适距、适切地将数字技术应用于课堂教学中。同时，教师还应保持对

教育实践的反思和批判,避免数字技术的过度使用或滥用。

维度二,数字知识:教师专业数字素养作为的基础

数字知识是教师应用数字技术进行教学的基础。它涵盖了教师对数字技术、教学知识、学科知识以及学生发展知识的理解和掌握。

要素一:数字技术本体性知识。教师应了解数字技术的内涵、外延、分类以及每类数字技术的价值与特征。同时,教师还应关注数字技术在教育、教学中的常见应用和不可用之处,以便在实际教学中做出合理的选择和应用。

要素二:数字技术方法性知识。教师应掌握如何有效地利用数字技术来组织和实施课堂教学。这包括了解数字技术在教学中的应用策略、技巧和方法,以及如何根据学科特点和学生需求来选择合适的数字技术工具。

要素三:学科知识。教师应具备扎实的学科知识基础,了解数字技术发展对学科内容、概念框架和评估形式的影响。同时,教师还应关注学科知识组织和呈现方式的变化,以便更好地利用数字技术来呈现和传授学科知识。

要素四:学生发展知识。教师应了解数字时代学生的身心发展特征以及数字技术对学生发展的影响。同时,教师还应关注学生使用数字技术进行学习的一般特征和差异表现,以便为学生提供个性化的教学支持和指导。

维度三,数字能力:教师专业数字素养的外在表现

数字能力是教师在教学实践中将数字理念和数字知识转化为具体行动的能力,是教师专业数字素养的外在表现。这种能力的显现不仅需要在数字理念和数字知识的支撑下发展,更需要在实践应用中不断改进和提升。

要素一:解读学生学习数据。在数字化教学环境中,学生的学习数据成为教师了解学生学习情况的重要依据。教师需要具备解读学生学习数据的能力,能够基于学生发展理论和数字技术知识,对学生在学习过程中产生的各类数据进行专业分析和理性判断。通过对学生学习数据的深入挖掘,教师可以发现教学中的问题,制定个性化的学习改进策略,从而更有效地指导学生的学习。

要素二:优化课程资源。随着云技术的发展,大量的课程资源得以汇聚和共享。教师需要具备优化课程资源的能力,能够根据学科教学的要求,结合学生的兴趣、需求、认知风格和发展阶段,有效整合和重构课程资源。通过优化课程资源,教师可以为学生提供更丰富、更贴近实际的教

学内容,提高教学效果。

要素三:师生互动。数字技术应用于教学使得师生互动的形式和内容发生了显著变化。教师需要适应这种变化,提升师生互动的能力。在数字技术支撑下,教师应以平等对话为原则,通过有效的提问、指导反馈和合作解决问题策略,与学生建立良好的互动关系。同时,教师还应创设无干扰的学习环境,激发学生自主和创造性学习,让学生在互动中体验到学习的乐趣。[①]

除了以上三个关键要素外,教师还应具备其他与数字技术相关的能力,如数字技术的选择和应用能力、数字资源的获取和分享能力、网络安全和隐私保护能力等。这些能力的综合发展将有助于提高教师的数字素养水平,促进教师在数字化教学环境中的专业成长。

第三节　环境学教师专业化发展的路径

环境学数字化转型是教育数字化转型的重要组成部分。高质量的环境学和培训在确保人们具备当前和未来工作所需技能方面起着至关重要的作用。随着新修订的《中华人民共和国环境学法》的实施,数字化、信息化已经成为未来教育的必然趋势,也为环境学的发展提供了重要契机。

在数字化浪潮中,环境学的转型涉及三个核心要素:人员、技术和行业。首先,人员转型意味着教育者和受教育者的愿望、目标正在发生变化,人们不再仅仅关注传统职业技能的培训,而是更多地投向高新技术的数字化环境培训。其次,技术变革是环境学数字化转型的关键,技术的创新应用需要切实可行,并能真正服务于环境学的数字化进程。最后,行业活力是环境学数字化转型不可或缺的一环,院校与行业产业的深度合作,建立多元多向链接,实现现代化产教融合。

在建设学习型社会和教育强国的进程中,提升教师的数字素养显得尤为重要,这对于推动教育的现代化、提高教育质量具有至关重要的作用。

---

① 郭晓琳.教师专业数字素养:核心要素与培养路径[J].中小学教师培训,2022(11):27-31.

一、教师数字素养发展逻辑

(一)关注教师数字素养关键能力

在时代性方面,教育部《教师数字素养》行业标准强调了在创新和技术进行的推动下,数字化转型正在重塑教育的未来,高校教师必须具备数字能力,才能在一个越来越以数字技术为媒介的世界中更好地发挥教育作用,履行职业责任,培育未来力量。

当前,学者们对教师数字素养的研究主要集中在国外政策梳理、经验启示和发展策略等方面。他们通过借鉴其他国家的成功经验,为我国教师数字素养的培养和提升提供了有益的参考。然而,由于我国《教师数字素养》出台时间较晚,其维度在初期仅停留在理论层面,因此还需要进一步结合实践进行探索和完善。

(二)教育数字化发展政策的实现号召

在数字化教育战略的大背景下,培养教师的数字化教学能力已成为国家实施教育数字化战略的关键一环。这不仅是国家教育数字化发展的迫切需要,也是推动教育数字化战略落地的现实基础。通过培养教师的数字化教学能力,可以进一步发挥数字化教育在提升教育质量、促进教育公平等方面的巨大潜力,从而推动整个教育体系的现代化进程。

因此,我们应积极响应国家号召,加大对教师数字化教学能力的培养力度,通过培训、实践、研究等多种方式,不断提升教师的数字化素养和技能水平,为推动我国教育数字化战略的深入实施贡献力量。

(三)培养高素质数字化人才的迫切需求

中国已步入数字经济社会,其迅猛的发展不仅为社会经济发展注入了新的活力,同时也带来了诸多新的挑战。在这一背景下,对高质量人才的需求愈发迫切,因此加强对人才的培训显得尤为重要。特别是教育领域,建立教师数字化教学能力成长之路成为当下的重要任务。

通过提升教师的数字化教学能力,可以为高质量人才的培养提供一个优质的教学基础环境。这不仅有助于教师更好地运用数字化工具进行教学,还能激发学生运用数字化技术的兴趣和能力,从而培养出更多适应数字经济发展需求的高素质人才。

同时,我们也应关注到农村地区的发展。在数字经济时代,农村地区的农户同样需要掌握数字化技能,以更好地适应市场变化和提高生产效率。因此,充实农户的数字化知识和技能,对于推动农村经济的数字化转型也具有重要意义。

(四)教师数字化意识的提升

在当今日益数字化的教育环境中,环境教师面临着前所未有的挑战与机遇。为了更好地适应这一变化,他们不仅需要掌握扎实的环境科学知识,还需要不断加深对数字化教学的理解和认识。通过参与培训、研讨等方式提升数字化意识,是环境教师培养数字素养的关键环节,也是为其后续发展奠定坚实基础的重要途径。

数字化教学不仅仅是技术的更新,更是教学理念和方法的革新。它能够帮助教师更加高效、便捷地传递知识,同时也能够激发学生的学习兴趣和创造力。因此,环境教师需要认识到数字化教学对于提升教学效果、促进学生全面发展的重要作用。通过参加专业的数字化教学培训,环境教师可以系统地学习数字化教学的理论、方法和技能,了解最新的数字化教学技术和工具。同时,通过参与教学研讨会、经验交流会等活动,环境教师可以与同行交流心得、分享经验,共同探讨数字化教学的实践问题和解决方案。这些活动不仅能够帮助环境教师拓宽视野、更新观念,还能够激发他们的创新思维和实践能力。

在参与培训和研讨的过程中,环境教师需要注重将所学所得与实际教学相结合。他们可以将新的数字化教学技术和工具应用到自己的教学中,尝试创新教学方法和手段,提高教学效果。同时,他们也可以将自己在实践中遇到的问题和困惑带到培训和研讨中,寻求同行的帮助和支持。这种将理论与实践相结合的学习方式,不仅能够帮助环境教师更快地掌握数字化教学技能,还能够促进他们对数字化教学的深入理解和认识。

(五)数字技术知识与技能的掌握

在快速发展的数字化时代,环境教师面临着与时俱进、不断提升自身数字技能的重要任务。为了有效地传授环境科学知识，引导学生关注环境问题，环境教师需要系统学习并熟练掌握各种数字技术工具的使用方法，同时紧跟新技术的发展和应用，持续更新自己的知识和技能。

环境教师应该积极参与各类数字技能培训课程，从基础操作到高级应用，全面掌握计算机、互联网、多媒体教学软件等工具的使用方法。这些课程不仅能够提供理论知识，还能通过实际操作加深理解，使教师能够灵活运用数字技术工具进行教学活动。

环境教师应将所学的数字技能应用到实际教学中，通过不断尝试和创新，探索出适合环境学科的数字化教学方法。例如，利用虚拟现实技术模拟环境现象，通过在线平台开展互动讨论，利用数据分析工具评估学生的学习效果等。这些实践不仅能够提升教师的数字技能，还能够丰富教学手段，提高学生的学习兴趣和参与度。同时，关注新技术的发展和应用也是必不可少的。随着科技的不断进步，新的数字技术不断涌现，为环境教学提供了更多的可能性。环境教师应保持敏锐的洞察力，及时了解新技术的发展动态，学习并尝试将其应用到教学中。例如，利用人工智能技术进行个性化教学推荐，利用大数据技术进行教学效果分析等。这些新技术的应用不仅能够提升教学质量，还能够培养学生的创新思维和适应能力。

（六）数字化应用在教学中的具体实践

在当今日益数字化和信息化的时代，环境教育领域也迎来了前所未有的变革。为了顺应这一趋势，环境教师不仅需要具备深厚的环境科学知识，更需要将数字技术融入日常教学中，通过创新教学方法和手段，提高教学效果，同时培养学生的创新思维和信息素养。在这一过程中，关注数字资源的开发和利用，丰富教学内容和形式，显得尤为重要。

环境教师应积极探索数字技术在教学中的应用，将传统的教学方法和手段与数字技术相结合，创造出生动、有趣且富有实效的教学环境。例如，利用多媒体教学软件展示环境现象和生态过程，使学生能够更加直观地理解相关知识；利用虚拟现实技术模拟环境场景，让学生在虚拟世界中亲身体验环境问题的紧迫性；利用在线教学平台，实现远程教学和在线互动，打破时间和空间的限制，为学生提供更加灵活多样的学习途径。

在数字技术的支持下，环境教师可以尝试创新教学方法和手段，提高教学效果。首先，教师可以利用数字技术进行个性化教学，根据学生的学习特点和兴趣爱好，制定个性化的教学计划和学习资源，满足学生的不同需求。其次,教师可以利用数字技术开展协作学习,通过在线讨论、小组项目等方式,培养学生的团队协作能力和创新思维。此外,教师还可以利用数字技术进行游戏化学习,将游戏元素融入教学活动中,激发学生的学习兴趣和动力。

在数字技术的教学环境中,环境教师应注重培养学生的创新思维和信息素养。首先,教师可以通过引导学生参与数字资源的开发和利用,培养学生的创新意识和实践能力。例如,教师可以组织学生进行环境主题的数字作品创作,如动画、短片、网页等,让学生在创作过程中发挥想象力和创造力。其次,教师可以通过教授信息检索、数据处理、网络安全等技能,培养学生的信息素养。这些技能不仅有助于学生在学习中更好地利用数字资源,还有助于他们在日常生活中更好地应对信息时代的挑战。

为了丰富教学内容和形式,环境教师应关注数字资源的开发和利用。首先,教师可以积极搜集和整理与环境教育相关的数字资源,如图片、视频、音频等,为教学提供丰富的素材。其次,教师可以利用数字技术制作教学课件和互动工具,如交互式地图、动态模拟等,使教学更加生动直观。此外,教师还可以鼓励学生参与数字资源的创作和分享,激发他们的创造力和参与热情。

(七)数字化社会责任的履行

环境教师在使用数字技术进行教学时,确实需要深思熟虑地关注其对学生、社会和环境的多重影响,并积极履行自身的社会责任。数字技术的引入无疑为教学带来了前所未有的便利和可能性,但与此同时,也带来了一系列挑战和责任。

在数字化教学过程中,教师需要引导学生正确、健康地使用数字技术,避免过度依赖和沉迷网络。通过设定明确的学习目标和时间管理,教师可以帮助学生建立健康的学习习惯。此外,教师还应培养学生的网络素养,让他们了解网络信息的真伪和价值,学会筛选和鉴别信息,避免受到不良信息的侵害。

在数字技术的推动下,社会信息的传播速度和范围都得到了极大的提升。这为学生提供了更广阔的学习和交流平台,但同时也带来了信息泛滥和虚假信息的问题。因此,教师需要引导学生树立正确的价值观和信息观,学会批判性思考,不盲目跟风或传播未经证实的信息。

更进一步地,环境教师在使用数字技术进行教学时,还应关注其对环境的影响。数字技术的制造、使用和废弃都会对环境造成一定的影响。

因此，教师需要培养学生的环保意识，引导他们在使用数字技术时关注节能减排、减少电子垃圾等问题。例如，教师可以引导学生选择节能的电子设备，合理使用电源，减少不必要的打印和复印等。

为了履行这些社会责任，环境教师可以通过多种方式进行实践。首先，教师可以通过课堂讲解和案例分析等方式，让学生了解数字技术的正负面影响，并引导他们树立正确的价值观和信息观。其次，教师可以组织相关的社会实践活动，如环保主题的数字作品创作比赛、网络素养培训等，让学生在实践中提升网络素养和环保意识。此外，教师还可以与家长、社区等合作，共同关注学生的数字使用情况和身心健康，形成家校社共育的良好氛围。

二、教师数字素养发展问题

（一）教师数字素养培训缺乏针对性

教师作为教学活动中的核心角色，其专业发展的水平直接决定了学生核心素养的发展程度。数字技术的迅猛发展为教师的培训提供了新的思路和方法。目前，从国家到省市层面都出台了大量的培训项目，为教师提升综合素养提供了宝贵的机遇。

然而，尽管有这样的趋势，但数字素养培训的总量仍然不够大，很多时候只是作为其他培训内容的一个补充或渗透，缺乏专门的数字素养培训项目。更重要的是，现有的数字素养培训往往过于注重技术的使用和操作层面，而缺乏对数字素养更深层次的理解和探索。

由于每位教师在数字技术掌握和应用上的程度不同，他们的需求也各不相同，但目前的培训机制在培训前无法准确诊断教师的数字素养程度，因此培训内容往往以普适性为主，缺乏针对教师个体差异的精准培训。这样的培训格局导致教师培训缺乏针对性，难以真正满足教师的个性化需求。

因此，我们需要进一步优化教师培训体系，加大数字素养培训的力度，同时注重培训的针对性和实效性，以满足不同教师在数字素养提升上的个性化需求。

（二）校企社资源服务欠缺联动性

数字技术的广泛应用为学校带来了极大的便利，使得建立学生数据库、开展多元化评价变得高效且准确。通过数字画像，学校、家庭和社会可以更加直观地了解学生的增值性评价结果，从而为学生的个性化发展提供精准的参考依据。在教学过程中，教师们利用数字技术演示，生动形象地展示课堂内容，极大地激发了学生的学习兴趣。同时，学习App的使用也丰富了教学方法，使得课堂讨论更加有趣。

然而，尽管数字技术在教育中的应用越来越广泛，但我们也必须注意到一些问题。许多教师虽然擅长数字技术的使用，但缺乏对教学数字等相关信息的深度分析和应用能力。此外，一些企业只负责搭建平台和网络，未能充分利用社会资源，这也限制了数字技术在教育中的进一步发展。因此，我们需要进一步加强对教师的数字素养培训，提升他们在教学中的应用能力。同时，也需要引导企业更深入地参与教育数字化进程，充分利用社会资源，共同推动教育事业的进步。

（三）技术更新与适应受到传统教学的束缚

随着数字技术的飞速发展，教育领域正经历着前所未有的变革。在这一浪潮中，环境教师作为培养学生环保意识和实践能力的关键角色，自然也需要紧跟时代的步伐，不断学习和适应新的教学工具和方法。然而，这一过程中，部分环境教师可能会面临一些挑战，尤其是那些深受传统教学方法影响、对新技术的接受和应用存在困难的教师。

数字技术不仅提供了更为丰富、生动的教学资源，还使得教学方式更加灵活多样。例如，通过虚拟现实技术，环境教师可以模拟各种自然环境，让学生身临其境地感受大自然的魅力；利用在线教学平台，教师可以实现远程教学，为学生提供更加便捷的学习途径。这些新的教学工具和方法不仅能够激发学生的学习兴趣，还能够提高他们的学习效果。然而，对于部分环境教师来说，接受和应用这些新技术并不容易。他们可能习惯于传统的教学方式，如板书、讲解和演示等，对于数字技术的运用感到陌生和不安。这种不适应可能源于多个方面，如技术恐惧、年龄因素、缺乏培训和支持等。在这种情况下，这些教师可能会对新技术的效果和价值产生怀疑，甚至拒绝使用新技术进行教学。

为了克服这些困难,我们需要采取一系列措施。首先,加强教师的技术培训是关键。学校和教育部门可以组织专门的培训课程,向教师介绍数字技术的基本知识和应用技巧,帮助他们掌握新的教学工具和方法。这些培训课程应该注重实践性,让教师在实践中逐步熟悉和掌握新技术。其次,提供持续的支持和指导也很重要。学校可以设立专门的技术支持团队,为教师提供技术上的帮助和指导。同时,可以定期组织教学交流和分享活动,让教师在相互学习和借鉴中不断提升自己的数字素养。此外,我们还需要关注教师的心理变化和需求。对于那些对传统教学方式产生依赖的教师,我们需要给予更多的理解和支持,帮助他们逐步适应新的教学方式。同时,我们也可以从激励和奖励的角度入手,鼓励教师积极尝试和使用新技术进行教学。

(四)培训资源覆盖面不足

随着教育技术的飞速发展,数字素养已成为现代教师不可或缺的一项能力。然而,尽管有越来越多的培训资源涌现,专门针对环境教师数字素养的专项培训资源却显得相对有限,这给部分环境教师带来了获取系统、专业培训的难题。

环境教师作为培养学生环保意识和实践能力的关键角色,其数字素养的提升不仅关乎教学质量,更直接影响到学生对环境保护的认知和实践。然而,目前市场上的培训资源大多泛泛而谈,缺乏针对环境教育领域的深入剖析和具体指导。这导致环境教师在面对众多培训资源时,往往难以找到真正适合自己的学习内容。

一方面,专项培训资源的匮乏限制了环境教师数字素养的提升。环境教育有其独特的学科特点和教学方法,需要教师掌握与环境教育紧密相关的数字技术,如 GIS(地理信息系统)、遥感技术等。然而,目前市场上的培训资源往往无法涵盖这些专业领域的内容,导致环境教师难以获得系统、专业的培训。

另一方面,缺乏专项培训资源也影响了环境教师对数字技术的认知和应用。由于无法获得专业的培训,部分环境教师可能对数字技术的价值和潜力产生误解,甚至对新技术产生抵触情绪。这不仅限制了他们在教学中的创新实践,也影响了他们对新技术的学习和掌握。

为了解决这一问题,需要采取一系列措施来加强环境教师数字素养的专项培训。首先,教育部门和学校应加大对环境教师数字素养培训的投入,设立专项资金支持相关培训项目的开展。同时,可以邀请行业专家、学者等参与培训内容的制定和讲授，确保培训内容的专业性和针对性。其次，可以建立环境教师数字素养培训的网络平台，提供线上学习资源和交流平台。通过网络平台，环境教师可以随时随地获取最新的培训资源和信息，与其他教师交流学习心得和体会。这将大大提高培训的便捷性和灵活性，使更多的环境教师能够受益。此外，还可以鼓励企业和社会组织参与环境教师数字素养培训。企业和社会组织可以提供实践机会和案例资源，帮助环境教师更好地理解和掌握数字技术在环境教育中的应用。同时，通过与企业和社会组织的合作，环境教师还可以将所学的知识和技能应用于实际工作中，提升自己的专业素养和实践能力。

（五）教学模式转变耗费量大

数字化教学，作为当代教育的重要趋势，正在深刻地改变着教师的教学方式和角色定位。在这一变革中，环境教师面临着从传统的知识传授者转变为学生学习和发展的引导者和促进者的挑战。这一转变不仅要求教师具备深厚的专业知识，还需要他们投入大量的时间和精力去理解和认识人机互动教学新形式。

在传统的教育模式中，教师往往是知识的权威和传递者，他们通过讲授、板书等方式将知识传递给学生。然而，在数字化教学的背景下，这种单向的知识传递方式已经无法满足学生的学习需求。数字化教学强调学生的主体性和参与性，要求学生能够积极参与到学习过程中，通过自主探究、合作学习等方式获取知识。

为了实现这一转变，环境教师需要付出巨大的努力。首先，他们需要更新教育观念，认识到数字化教学的重要性和必要性。只有从内心深处接受并认同数字化教学的理念，教师才能积极投入到新的教学方式中去。其次，教师需要学习和掌握数字化教学所需的技能和工具。这包括计算机操作技能、多媒体教学技能、网络教学平台使用技能等。通过学习这些技能，教师可以更好地利用数字技术来辅助教学，提高教学效果。

然而，仅仅掌握这些技能还不够。教师还需要深入理解人机互动教学新形式，将其与教学实践相结合。人机互动教学强调教师与学生、学生与学生之间的交互和合作，通过数字化工具来促进学生的自主学习和探究。教师需要设计具有启发性和挑战性的教学活动，引导学生积极参与其中，激发他们的学习兴趣和创造力。

这一转变对于环境教师来说尤为重要。环境教育是一门实践性很强的学科，需要学生亲身参与和体验。通过数字化教学，教师可以为学生创造更加丰富、生动的学习环境，让他们在实践中学习和探索。同时，数字化教学也可以拓展环境教育的教学资源和学习空间，为学生提供更加广阔的学习平台。

（六）环境智能化建设滞后

部分地区智能化教学环境建设的不完备，无疑成为制约教师数字素养提升的重要因素。在数字化教学日益盛行的今天，先进的教学设备和稳定的网络环境是教师展示数字技术优势、提高教学效果的基础。然而，在一些地区，由于经济条件、地理位置等多方面的限制，智能化教学环境建设滞后，给教师的数字素养提升带来了诸多困难。

在数字化教学中，教师通常会利用投影仪、电子白板、虚拟现实设备等工具来辅助教学，这些设备不仅能够激发学生的学习兴趣，还能帮助他们更好地理解和掌握知识。然而，在设备缺乏的地区，教师往往只能依靠传统的黑板和粉笔进行教学，无法充分发挥数字技术的优势。这种局限性不仅影响了教师的教学效果，也限制了学生的学习体验。

在数字化教学中，网络是连接教师、学生和资源的纽带。然而，在一些地区，由于网络基础设施建设不完善、网络带宽有限等原因，网络环境往往不稳定，甚至经常出现断网的情况。这不仅影响了教师利用网络资源进行备课和教学，也让学生无法顺利地访问在线学习平台和资源。这种不稳定的网络环境不仅降低了数字教学的效率，也削弱了学生的学习动力。

在数字化时代，教师之间的交流和合作已经不仅仅局限于面对面的形式，更多的是通过在线平台、社交媒体等方式进行。然而，在设备和网络条件有限的地区，教师往往无法充分利用这些平台进行交流和合作，导致他们无法及时获取最新的教学资源和信息，也无法与同行进行深入的探讨和交流。这不仅限制了教师的专业成长，也影响了整个教育行业的进步。

为了解决这些问题，我们需要从多个方面入手。首先，政府和社会应该加大对教育信息化的投入，完善智能化教学环境建设。这包括加强网络基础设施建设、提高网络带宽、配备先进的教学设备等。同时，还可以鼓励企业和个人参与到教育信息化建设中来，形成多元化的投入机制。其次，学校应该加强教师的数字化教学能力培训，提高教师的数字素养。这可以通过组织专题培训、邀请专家讲座、开展教学研讨等方式进行。同时，学校还可以建立数字化教学平台和资源共享机制，为教师提供更加丰富、便捷的教学资源和支持。最后,教师自身也应该积极适应数字化教学的要求,不断学习和掌握新的教学技能和方法。他们可以通过参加培训、阅读相关书籍、与同行交流等方式来提高自己的数字素养和教学能力。只有这样,我们才能更好地应对智能化教学环境建设的不完备问题,推动教师数字素养的提升和教育行业的进步。

三、教师数字素养提升路径

(一)数字素养课程纳入职前职后培养体系

将数字素养课程纳入职前职后培养体系,要求我们不仅要注重数字化技术在教育中的应用,更要重视教师在数字化进程中的专业发展和数字素养的提升,以确保教育的数字化转型能够真正发挥其潜力,推动教育的创新与发展。

(二)构建教师数字素养测评常态化机制

尽管《教师数字素养》为我国教师信息素养的提升提供了明确的方向,这样不仅能帮助政策制定者根据现实情况及时修订素养标准,确保标准的与时俱进;还能为教育部门提供有针对性的数据支持,使其能够制定出更符合教师实际需求的培训计划与个性化培训方案,从而更有效地提升教师群体的数字素养。通过这样的周期性监测和实时发布,我们可以推动教师数字素养的不断提升,为教育事业的持续发展注入新的活力。

(三)实施数字知识培训

在掌握和应用这些数字知识的过程中,教师会逐渐生成相应的数字能力。例如,通过组合数字技术本体性知识、数字技术方法性知识、学生发展知识以及师生互动策略等方面的知识,教师可以提升解读学生学习数据的能力。同样,通过整合数字技术本体性知识、数字技术方法性知识、优化课程资源策略以及学科知识等方面的知识,教师可以增强优化课程资源的能力,而通过综合运用数字技术本体性知识、数字技术方法性知识、师生互动策略以及学生发展知识等方面的知识,教师可以提高师生互动的效果，促进学生深度参与和创造性学习。

（四）构建教师网络学习平台

构建教师网络学习平台尤为必要，这样的平台可以为教师提供一个互动、合作、共享的学习环境，让他们在共同体中开展数字实践，互相学习、互相启发。具体来说，师范教育可以提供网络学习共同体，使师范生在学习过程中就能接触到新技术、新平台，为他们未来的教学生涯打下坚实的基础。同时，师范生实习基地也可以设立网络实习共同体，让实习教师在实践中学习、在反思中成长。

在高校内部或跨学校层面，我们可以开设网络课堂、微视频教学比赛等活动，为教师提供展示自我、交流经验的平台。此外，还可以支持实习教师、新手教师以及专家教师组成的混合或单一群体网络学习工作室，让不同层次的教师在共同的学习环境中相互学习、共同进步。

通过构建这样的教师网络学习平台，不仅可以打破传统的学习模式，还可以帮助教师更好地适应数字时代的教学需求，提升他们的专业数字素养。同时，这也将为教师之间的合作与交流提供新的渠道和机会，促进教育教学的创新与发展。

（五）教师反思数字实践

教师参与网络学习共同体并开展数字实践后，对数字实践的反思是至关重要的。这种反思不仅有助于教师深化对数字教学实践的理解，还能促进他们的专业成长和教学水平的提升。

从学校层面来看，建设一种“数字实践反思友好型环境”是至关重要的。学校应该积极提供与教育数字化相关的图书期刊，这些资源可以帮助教师了解最新的数字教育理念和实践案例。同时，学校还应倡导并营造一种平等交流的教师“数字实践”教研文化，鼓励教师们分享自己的数字教学实践经验，互相学习、互相启发。此外，学校还应鼓励教师进行批判性思考，允许并鼓励他们对数字教学实践进行深入的探讨和反思，从而推动数字教学实践的不断创新和完善。

从教师层面来看，反思数字实践的方式多种多样。教师可以采用案例总结的方式，对自己在数字教学实践中的典型案例进行梳理和分析，从而总结出成功的经验和存在的问题。此外，教师还可以撰写反思日志，记录自己在数字教学实践中的思考和感受，以及遇到的问题和解决方案。经验叙事也是一种有效的反思方式，教师可以通过讲述自己的数字教学实践故事，来分享自己的经验和教训。在反思的过程中，教师应该保持批判性理解的态度，对数字知识和数字实践进行深入的整合和归纳，从而形成自己的数字教学理念和策略。

为了让反思结果更具传播性和可操作性，教师可以将反思成果呈现为可言说、可图示、易传播的方式。例如，教师可以撰写论文或报告，将自己的数字教学实践经验和反思成果分享给更广泛的读者群体；教师还可以制作教学视频或PPT，直观地展示自己在数字教学实践中的具体操作和效果。这些方式不仅有助于教师之间的交流和学习，还能推动数字教学实践在更大范围内的推广和应用。

（六）提高教师数字素养培训精准度

2022年4月，教育部等八部门联合发布的《新时代基础教育强师计划》为教师的培训和发展设定了明确的目标。该计划特别指出，到2025年，教师培训应实现专业化和标准化，确保每一位教师都能获得高质量的教育和培训。

然而，目前我国教师在入职前的培训中，理论课程主要集中在教育学、心理学和班级管理等方面，数字素养培训课程相对缺乏。而在职后培养方面，虽然有很多在线学习课程，但由于缺乏有效的监督机制，培训效果并不理想。

此外，对于乡村教师来说，由于人数和职称等方面的限制，他们往往无法有效参与一些常见的提升模式，如“青蓝结队”或“名师工作室”等。因此，教师的职后培训精准度亟待提升。

（七）强化教师数字责任感与道德伦理

数字化技术无疑是一柄双刃剑，它在提升工作效率方面展现了巨大的优势，但同时也伴随着潜在的道德和安全风险，尤其是违反数字伦理的行为，往往会造成严重后果。正因如此，2022年中央网信办等四部门发布的《2022年提升全民数字素养与技能工作要点》中，特别强调了加强数字安全保护屏障和数字文明建设的重要性，尤其是数字伦理的引导与规范。

为了进一步提升教师的数字伦理意识和风险意识，学校相关部门应积极开展数字伦理、数字安全、数字欺诈、数字暴力等相关主题的讲座与宣传活动。通过这些活动，教师们能够更深入地了解数字伦理的内涵和要求，增强自身的道德判断能力和风险防范意识。

此外，国家层面也应出台相关法规和制度，从制度层面为校园数字环境的净化提供有力保障。通过构建安全的教育生态环境，我们可以确保数字化技术在教育领域的健康发展，为培养具备高素质数字素养的人才奠定坚实基础。

四、数字化转型赋能基础教育发展新路径

面对数字化时代带来的新要求和新挑战，要积极推动中国式基础教育现代化进程。为实现这一目标，需坚持公平教育的理念，确保每个学生都能享有平等的教育机会，从而强化中国式基础教育现代化的前进动力。同时，提升教师的数字素养也至关重要，这将有助于推动中国式基础教育现代化策略的落地实施。此外，还应加强教育数据管理，深入挖掘其中蕴含的规律和趋势，为教育决策提供科学依据。最后，升级教育教学环境，提供先进的教学设施和资源，是夯实中国式基础教育现代化发展基石的关键举措。通过这些努力，将能够更好地回应数字化时代的新要求，推动中国式基础教育现代化不断向前发展。

（一）坚持公平教育理念，强化中国式基础教育现代化前进动力

在教育方式的变革上，开展远程教育是一个有效的途径。远程教育基于互联网和信息技术，通过在线平台、数字化工具和通信技术实现教育资源的传递和学习活动的开展。我们可以提供丰富的在线课程、教育视频、远程学习平台以及虚拟实验室等，满足不同地域、不同学科和不同年级学生的学习需求。这些远程教育方法能够构建一个全面的远程教育体系，为学生提供更为灵活和个性化的学习体验，从而帮助他们更广泛、更公平地获取知识，缩小数字鸿沟。

（二）提升教师数字素养，推动中国式基础教育现代化策略落地

中国式基础教育现代化进程中，师资力量的现代化扮演着举足轻重

的角色。无论国内还是国外，教育数字化转型都高度重视教师能力的提升，因为教师的数字素养直接关系到教学质量和学生的学习效果。

从理论层面来看，提供培训课程是提升教师数字素养的有效途径。首先，需要制定一个全面且系统的数字化教育培训计划，确保所有教师都能参与，并根据他们的不同需求设置不同难度的课程。其次，培训内容应涵盖基本的IT知识、网络技术、数字工具的使用，以及教育技术在教学中的应用等，使教师能够全面掌握数字化教学的知识和技能。此外，培训方式应多样化，包括实践课程、研讨会、工作坊等，以满足不同教师的学习需求。同时，建立数字化教育培训平台，提供丰富的在线课程和视频教程，帮助教师随时随地进行自我提升。最后，建立培训评估和认证体系，对参与培训的教师进行考核和奖励，激励他们积极学习和提升自我。

从实践层面来看，开展教育行动研究是提高教师数字素养的重要措施。教育行动研究可以帮助教师深入了解数字化教育的现状和问题，探索创新的数字化教学方法和策略。通过确定研究问题、收集和分析数据、制定行动计划并评估调整，教师可以不断改进自己的教学实践，提高教学效果。同时，鼓励教师将研究成果进行分享和交流，有助于推广成功的数字化教学实践，促进整个学校乃至整个教育系统的数字化发展。

（三）加强教育数据管理，挖掘中国式基础教育现代化规律

在数字化时代，强化智能渗透，挖掘本土教育规律，对于推动智能化和本土化教育的广泛应用至关重要。学校作为教育的前沿阵地，应建立一个本土化的教育数据管理系统，以高效处理和分析学习数据，从而更好地评估学生的个性化学习进度和成果，揭示本土化教育的深层规律。

建立这样一个系统，需要从多个方面着手。

（1）在选择数据系统时，必须充分融入本土经验。这意味着要深入了解当地的教育实践、文化传统和社会习惯，确保所选系统能够完美契合本土教育背景。同时，安全性与隐私保护亦不容忽视，所选系统必须遵循本土化标准和规范，严格保护学生和教育工作者的隐私。

（2）建立稳定的数据中心是关键。这涉及确保设施设备的稳定运行，建立有效的备份机制，并制定严格的数据安全管理政策。通过这些措施，可以保障数据的完整性、机密性和可用性，为教育决策提供有力支持。

（3）教育数据的采集与整合工作同样重要。需要明确数据的来源和采集标准，确保数据的准确性和一致性。同时，要关注数据的实时性，以

便及时响应教育管理和决策的需求。

（4）数据分析是提升教学效果的关键环节。学校应选择合适的数据分析工具，对收集到的数据进行深入挖掘，发现问题并优化教学流程。此外，加强相关人员的培训和技术支持也是必不可少的，以确保数据分析工作的顺利进行。

除了以上技术层面的措施外，营造数据文化氛围同样重要。学校和教育机构应鼓励师生积极参与数据驱动的决策和行动，将数据作为改进教学和提升教育质量的重要工具。

（四）升级教育教学环境，夯实中国式基础教育现代化发展基石

在推进中国式基础教育现代化的进程中，为了夯实其发展基石，确保师生能高效利用数字化工具，实施“教育信息化专项薄弱环节提升工程”至关重要。这一工程的关键在于优化育人环境，具体可以从以下几个方面着手。

（1）建设高速、稳定、安全的网络基础设施和硬件设施是基础。学校应精心规划网络建设方案，确保网络覆盖校园的每个角落，满足师生和管理人员的访问需求。选择优质的网络设备和配件，提供足够的带宽资源，以保障网络流畅性和用户体验。同时，建设网络防火墙和安全监控系统，实施严格的密码和权限管理，以抵御网络攻击和数据泄露的风险。此外，组建专业的网络管理团队，负责网络的日常维护和更新，确保网络的稳定性和安全性。

（2）保护在线安全是数字化教育环境中不可忽视的一环。学校应开展网络安全教育和宣传活动，提高师生对网络风险的认知，教会他们识别和应对网络威胁的方法。安装网络安全设备，制定网络安全防护政策和使用政策，规范师生的网络行为。设置访问控制，采用多因素身份验证措施，确保只有授权用户才能访问网络系统。

（3）通过实施教育信息化专项薄弱环节提升工程，可以为数字时代的基础教育发展开辟一条新的道路。这需要政府、学校、教师、学生以及社会各界的协同努力，共同推动基础教育在数字化时代的创新发展。只有这样，才能为学生提供更加公平、高质量的教育，助力构建和谐、美好的社会。

（五）深化信息技术与课程融合，创新中国式基础教育教学模式

在数字化转型的浪潮中，中国式基础教育对于环境专业教育同样迎来了前所未有的发展机遇。为了抓住这一机遇，深化信息技术与环境专业课程的融合，以及推动教学模式的创新，成为推动环境教育发展的关键所在。

信息技术与环境专业课程的深度融合，意味着将现代数字技术引入环境教学之中，为学生提供更加直观、生动的学习环境。例如，利用虚拟现实（VR）技术，学生可以模拟进入各种自然生态系统，如热带雨林、沙漠或湿地，深入探索这些环境的特点和生态关系。此外，增强现实（AR）技术也能让学生在课堂上看到虚拟的环境模型或图表，更直观地理解环境问题的复杂性和紧迫性。

在教学模式上，数字化转型也促进了环境教育模式的创新。传统的教学往往侧重于理论知识的传授，而数字化转型则鼓励学生通过实践来学习和探索。教师可以设计基于项目的学习活动，让学生围绕某个环境问题展开研究，如气候变化、水资源管理或生物多样性保护等。学生可以通过在线调查、数据分析和实地考察等方式，深入了解问题的本质，并提出自己的解决方案。这种学习方式能够培养学生的实践能力、创新精神和解决问题的能力。

同时，数字化转型也为环境教育提供了更多的互动和参与度。教师可以通过在线平台或社交媒体与学生进行实时交流，回答他们的问题，提供指导。学生之间也可以通过在线讨论、协作学习和分享经验等方式，增强彼此之间的联系和合作。这种互动性和参与度的提高，能够激发学生的学习兴趣和动力，使他们更加积极地投入到环境学习中。

此外，数字化转型还有助于促进环境教育的国际交流与合作。通过与国际先进教育理念和技术的交流学习，我们可以引进更多优质的环境教育资源和技术支持，提高我国环境教育的水平。同时，我们也可以通过国际合作项目，与其他国家共同研究环境问题，分享经验和成果，推动全球环境教育的发展。

总之，数字化转型为中国式基础教育中的环境专业教育带来了前所未有的发展机遇。通过深化信息技术与课程的融合、推动教学模式的创新以及加强国际交流与合作，我们可以为环境教育的发展注入新的活力，培养更多具备数字化素养和创新精神的环境专业人才，为构建可持续发展的未来贡献力量。

（六）构建智慧教育评价体系，完善中国式基础教育质量监测

在数字化转型的浪潮中，中国式基础教育对于环境专业教育而言，迎来了一个崭新的发展契机。在这一进程中，构建智慧环境教育评价体系显得尤为重要。这一评价体系不仅能够全面追踪学生的学习过程，了解他们的学习需求和兴趣，还能够为教师提供有针对性的教学指导和策略，以进一步优化教育质量监测机制，推动环境教育的质量不断提升。

传统的环境教育评价往往侧重于学生对理论知识的掌握程度，而忽视了对学生在实际操作、创新思维以及解决环境实际问题能力的评估。而智慧环境教育评价体系则利用大数据、人工智能等先进技术，全方位收集和分析学生的学习数据，如实验操作、案例分析、模拟决策等实践环节的表现，以及学生在环保项目、社会调查等课外活动中的参与度与贡献。

智慧环境教育评价体系的建设需要多方面的支持。首先，需要建立全面的数据收集系统，利用先进的教学工具和平台，如虚拟实验室、在线模拟系统等，实时记录学生的学习过程和成果。同时，建立统一的数据标准和规范，确保数据的一致性和可比性。其次，运用大数据和人工智能技术，深入分析学生的学习数据，挖掘学习规律，发现潜在问题，为教师提供精准的教学反馈和策略建议。此外，根据学生的学习情况和需求，为他们推荐个性化的学习资源和课程，帮助他们更好地理解环境问题，并激发他们对环保事业的热情。

智慧环境教育评价体系的建设还具有深远的意义。对于教师而言，它提供了更加丰富和准确的教学信息，有助于他们优化教学策略，提高教学效果。对于学生而言，它能够更好地满足他们的学习需求，激发他们的学习兴趣和动力，促进他们的全面发展。同时，这一评价体系还能够为教育质量监测提供有力支持，帮助我们发现环境教育中存在的问题和不足，并及时进行调整和改进。

因此，在中国式基础教育数字化转型的过程中，我们应该积极推动智慧环境教育评价体系的建设和应用。通过收集和分析学生的学习数据，我们可以更全面地了解学生的学习情况和需求，为环境教育的发展提供有力的数据支撑。同时，智慧环境教育评价体系还能够为环境教育的创新发展注入新的活力，推动环境教育向着更高质量、更加科学化的方向前进。

（七）拓展在线教育服务，促进中国式基础教育资源共享

在线教育服务在数字化转型的时代背景下，不仅成为推动教育发展的重要力量，更在环境专业领域中展现出独特的价值和潜力。通过拓展在线教育服务，我们可以实现环境教育资源的优化配置和共享，使更多学生，特别是偏远地区和经济困难家庭的学生，能够接触到优质的环境教育资源，从而促进环境教育的普及和公平。

环境教育作为培养公民环保意识和行动力的关键途径，其重要性不言而喻。然而，传统的环境教育方式受限于地域和资源的限制，往往难以覆盖到所有学生，而在线教育服务的兴起，打破了这一限制，通过互联网技术，将优质的环境教育资源传递到每一个角落。

对于环境专业的学生而言，在线教育服务提供了丰富的学习资源和机会。他们可以通过在线课程、讲座、研讨会等形式，接触到最新的环境科学研究成果、行业动态和实践案例。这不仅有助于他们拓宽视野、增强专业素养，还能激发他们对环境保护事业的热情和动力。

同时，在线教育服务还为偏远地区和经济困难家庭的学生提供了学习机会。这些地区往往缺乏优质的教育资源，学生的学习环境相对较差。而在线教育服务不受地域限制，只要有网络和设备，学生就能随时随地进行学习。这使得那些无法亲自前往学校或培训机构的学生，也能接受到优质的环境教育。

除了为学生提供学习机会外，在线教育服务还能促进环境教育的普及和公平。传统的环境教育方式往往只能覆盖到一部分人群，而在线教育服务则能够将优质的环境教育资源传递给更广泛的人群。这不仅有助于提高公众对环境保护的认识和参与度，还能推动社会形成更加环保、可持续的发展方式。

此外，环境专业的在线教育服务还可以与其他领域进行交叉融合，形成更加丰富多样的教育模式。例如，可以将环境教育与科学、技术、工程、数学（STEM）教育相结合，通过跨学科的学习和实践，培养学生的综合素质和创新能力。这种交叉融合的教育模式不仅能够提高学生的学习效果，还能促进环境科学与其他领域的交流和合作。

（八）加强国际合作与交流，推动中国式基础教育国际化发展

在数字化转型的浪潮中，加强国际合作与交流对中国式基础教育的

国际化发展具有深远影响。特别是在环境专业教育领域,国际合作与交流的重要性尤为突出。通过与国际先进环境教育理念和技术的交流,我们不仅能够借鉴和引进国际优质教育资源,提升我国环境基础教育的水平和质量,还能加强与其他国家的合作,共同推动全球环境教育的发展。

环境问题是全球性的挑战,需要各国共同应对。在数字化转型的背景下,环境教育也呈现出国际化的趋势。通过国际合作与交流,我们可以接触到国际上的先进环境教育理念和技术,如可持续发展教育、绿色校园建设等,从而为我国环境教育提供新的思路和方向。

国际合作与交流有助于引进国际优质环境教育资源。这些资源可能包括先进的课程教材、教学方法、实验设备等,能够为我国环境教育提供有力的支持。例如,我们可以引进国际上的环境科学课程,为学生提供更加全面、深入的环境知识;同时,也可以借鉴国际上的环境教育实践案例,为我国环境教育的实践提供借鉴和参考。此外,国际合作与交流还能够促进我国环境教育师资队伍的建设。通过与国外优秀教师的交流和学习,可以提升我国环境教育教师的专业素养和教学能力,打造一支高素质、专业化的环境教育师资队伍。这些教师将能够更好地传授环境知识、培养学生的环保意识和实践能力,为我国环境教育的发展提供坚实的人才保障。

当然,加强国际合作与交流还有助于推动全球环境教育的发展。通过共同研究、探讨和合作,可以分享各自在环境教育领域的经验和成果,共同推动全球环境教育的创新和发展。例如,可以与其他国家共同开展环境教育项目、举办环境教育研讨会等,共同促进全球环境教育的繁荣和进步。

同时,数字化转型为国际合作与交流提供了更加便捷和高效的途径。通过互联网技术、在线教育平台等渠道,可以更加便捷地与国际上的教育机构和专家进行交流和合作。这不仅有助于我们及时了解和掌握国际上的先进环境教育理念和技术动态,还能够为我们提供更加丰富和多样的学习资源和机会。

(九)培养数字化创新人才,支撑中国式基础教育创新发展

在数字化转型的大背景下,基础教育面临着前所未有的挑战与机遇。这一转型不仅要求教育体制和教学模式的革新,更对人才培养提出了新的要求,特别是在环境专业教育领域,培养具备数字化素养和创新精神的人才,对于推动环境教育的创新与发展具有至关重要的意义。

首先，数字化素养已成为现代社会不可或缺的基本能力。在环境专业中，数字化素养不仅意味着学生能够熟练运用数字技术工具，如数据分析软件、模拟仿真平台等，还意味着他们具备在数字化环境中获取、分析和处理环境信息的能力。这种能力对于环境专业的学生来说至关重要，因为环境问题的解决往往需要大量的数据支持和科学地分析。为了培养学生的数字化素养，基础教育阶段应开设相关课程，如信息技术基础、数据分析等，并配备专业的师资力量和先进的教学设备。同时，还可以通过组织实践活动，如环境数据收集与分析、数字化环保项目等，让学生在实践中掌握数字化技能，并激发他们的学习兴趣和创造力。

其次，创新精神是推动社会进步的重要动力，也是环境教育的重要目标之一。在环境专业中，创新精神意味着学生能够独立思考、勇于探索，提出新的环境解决方案或改进现有方案。这种能力对于解决复杂的环境问题、推动环境科学的进步具有重要意义。为了培养学生的创新精神，基础教育阶段应注重培养学生的批判性思维和问题解决能力。可以通过开设创新思维课程、组织创新实践活动等方式，引导学生关注环境问题、思考解决方案，并鼓励他们勇于尝试、敢于创新。同时，还可以通过与国际先进教育理念和技术的交流，引进国际上的创新教育模式和方法，为学生提供更加广阔的视野和更加丰富的学习资源。

此外，数字化素养和创新精神的培养需要贯穿整个基础教育阶段。从小学阶段开始，就应注重培养学生的信息素养和创新意识；到初中阶段，可以进一步深化学生对数字化技术和环境科学的理解；到了高中阶段，则可以更加关注学生对环境问题的独立思考和创新能力。通过这样的系统性培养，我们可以为中国式基础教育的创新发展提供有力支撑。

第六章　数字化转型背景下高校环境学课程教学评价改革

在数字化转型的背景下，高校环境学课程教学评价改革显得尤为重要。传统的教学评价方式往往侧重于学生的知识掌握程度，而忽视了对学生能力、素质和创新思维的培养。数字化转型为我们提供了一个全新的视角和工具，使得教学评价更加全面、客观和精准。

第一节　数字化转型背景下高校环境学课程教学多元主体评价方式

在当下中国高等教育体系中，一个基于多元评价主体的高校教学评价话语体系已经逐渐成形，这与传统的教学评价体系形成鲜明对比。在这一新体系中，各个评价主体因其不同的价值观和侧重点，会产生各异的评价标准和行动逻辑。然而，这种多元性也带来了挑战，例如教师和学生之间在知识应用上的分歧、教师与学校管理层在价值判断上的差异，以及教师与同行在学术逻辑上的不一致等。为了解决这些潜在的价值和行动冲突，可以从多个维度优化教学评价体系：首先，要找到一个能够平衡教学与学习的最佳点；其次，评价时应聚焦于核心的教育价值，而非仅仅将其视为一种工具；再者，评价过程应兼顾公平性和学术性，确保两者之间的和谐统一；同时，评价应遵循学术的内在逻辑，避免受到非学术因素的干扰；最后，要努力推动学术成果与社会效益的融合。

一、高校环境学课程教学多元主体评价的内涵特征

高校环境学课程教学多元主体评价，作为一种全面、多维度的评价体系，具有鲜明的内涵特征。这些特征不仅体现了评价体系的多元化、协商性和真实性，还彰显了高校环境学课程教学的独特性和复杂性。以下将详细阐述这些特征。

（一）高校环境学课程教学多元主体评价具有多元性特征

多元性特征是高校环境学课程教学多元主体评价的核心特点之一。这种多元性主要体现在评价主体、评价内容和评价方式等多个方面。

（1）评价主体的多元性

在传统的教学评价中，教师往往是唯一的评价主体，而学生、家长、社会等其他利益相关者的声音往往被忽视。然而，在高校环境学课程教学多元主体评价中，评价主体不仅限于教师，还包括学生、学校管理人员、教育专家、企业代表等多个方面。这种多元主体的参与，使得评价结果更加全面、客观，能够真实反映教学的实际效果。例如，学生可以评价教师的教学态度、教学方法和教学效果；学校管理人员可以从教学管理的角度对课程进行评价；教育专家则可以从专业角度对教学内容和教学质量进行评估；而企业代表则可以从行业需求和实际应用的角度来评价课程设置的合理性和实用性。

（2）评价内容的多元性

高校环境学课程教学多元主体评价不仅关注学生的学习成绩，还注重学生的能力发展、学习态度、创新精神等多个方面。同时，对于教师的教学水平、教学方法、教学内容等也进行全面评价。这种多元化的评价内容，有助于发现教学中的问题，促进教学质量的全面提升。例如，在评价学生的学习成果时，除了考虑学生的考试成绩外，还可以考查学生的实践能力、团队协作能力、创新能力等；在评价教师的教学效果时，可以从教学态度、教学方法、教学内容等多个方面进行综合考虑。

（3）评价方式的多元性

高校环境学课程教学多元主体评价采用多种评价方式相结合的方法，包括定量评价和定性评价、形成性评价和总结性评价等。这种多元化的评价方式可以更全面地反映教学的实际情况，提高评价的准确性和有

效性。例如,定量评价可以通过具体的分数或等级来量化学生的学习成果和教师的教学效果;定性评价则可以通过描述性的语言来评价学生的学习态度和教师的教学风格等;形成性评价注重在教学过程中及时发现问题并进行改进;总结性评价则是对整个教学过程和结果的全面评价。

(二)高校环境学课程教学多元主体评价具有协商性特征

协商性特征是高校环境学课程教学多元主体评价的另一个重要特点。这种协商性主要体现在评价目标的制定、评价内容的选择以及评价方式的确定等多个环节。

(1)评价目标的协商性

在高校环境学课程教学多元主体评价中,评价目标不是由教师或学校单方面确定的,而是通过与各评价主体进行充分协商后达成的共识。这种协商性的评价目标制定方式,可以确保评价目标与各方利益相关者的需求和期望相一致,从而提高评价的针对性和有效性。

(2)评价内容的协商性

评价内容的选择也充分体现了协商性特征。在制定评价内容时,教师会与各评价主体进行充分沟通和讨论,共同确定需要评价的具体方面和指标。这种协商性的评价内容选择方式,可以确保评价内容全面、客观且符合各方利益相关者的需求和期望

(3)评价方式的协商性。

在确定评价方式时,教师也会与各评价主体进行协商,以选择最适合的评价方式。例如,在选择定量评价和定性评价的比重时,会充分考虑各方利益相关者的意见和建议,以确保评价方式能够真实、准确地反映教学的实际情况。

(三)高校环境学课程教学多元主体评价具有真实性特征

真实性特征是高校环境学课程教学多元主体评价的又一个关键特点。这种真实性主要体现在评价结果能够真实反映教学的实际情况和学生的学习成果。

为了确保评价的真实性,高校环境学课程教学多元主体评价注重收集多方面的信息和数据。例如,通过课堂观察、学生作业分析、学生反馈调查等多种方式来收集教学过程中的实际数据和信息。同时,还注重对

各评价主体进行培训和指导，以提高他们的评价能力和水平，确保他们能够提供真实、客观的评价结果。此外，在评价过程中还注重保护评价主体的隐私和权益，以确保他们能够自由地表达自己的观点和意见，从而保证评价结果的客观性和真实性。

综上所述，高校环境学课程教学多元主体评价具有多元性、协商性和真实性等内涵特征。这些特征不仅体现了评价体系的全面性和客观性，还彰显了高校环境学课程教学的独特性和复杂性。通过实施这种多元主体评价，我们可以更全面地了解教学的实际情况和学生的学习成果，为改进教学方法和提高教学质量提供有力支持。

二、高校环境学课程教学多元主体评价的逻辑冲突

在高校环境学课程的教学中，多元主体评价体系的引入无疑为教学质量的提升带来了新的视角和方法。然而，这一体系并非完美无缺，它在实际操作中也暴露出了一系列的逻辑冲突。这些冲突，根植于不同评价主体之间的知识效用、价值判断、学术逻辑、行政逻辑以及市场逻辑的差异，对教学活动的顺利开展产生了一定的影响。

（一）教师评价与学生评价之间的知识效用冲突

教师与学生，作为教学活动中的两大核心主体，在评价教学效果时，却往往存在着明显的知识效用冲突。教师，作为知识的传授者和引导者，他们的评价体系通常建立在对知识的系统性、完整性和深度的追求上。他们希望学生能够全面掌握环境学的理论知识和实践技能，以便在未来的学术或职业生涯中能够游刃有余。而学生，作为知识的接收者和学习者，他们的评价体系则更多地关注知识的实用性、趣味性和易懂性。他们希望所学的知识能够直接应用于实际生活和工作中，解决实际问题。

这种知识效用的冲突，在很大程度上源于教师与学生的角色定位和需求差异。为了缓解这种冲突，教师需要更加关注学生的实际需求和学习兴趣，灵活调整教学方法和内容，努力使教学更加贴近学生的实际需求和兴趣点。同时，学生也需要更加理解教师的教学意图，积极参与到教学活动中，通过主动学习和实践来提高自己的学习效果。

（二）教师评价与高校评价之间的价值判断冲突

在高校环境学课程的教学中，教师与高校之间在评价教学的价值时，也往往存在着明显的冲突。教师通常更关注教学过程中的细节和学生的学习效果，他们希望每一位学生都能从课程中受益，真正掌握所学的知识和技能，而高校则更注重教学的整体效果和对学校声誉的影响。他们希望通过优质的教学提升学校的知名度和影响力，进而吸引更多的优秀学子加入。

这种价值判断的冲突主要源于教师与高校在教学目标上的不同追求。为了解决这种冲突，教师需要与高校保持密切地沟通与合作，共同制定明确的教学目标和评价标准。同时，高校也应充分尊重教师的教学自主权和创新精神，为教师提供必要的支持和资源，以共同促进教学质量的提升和学校的长远发展。

（三）教师评价与同行评价之间的学术逻辑冲突

在教师与同行之间，对教学的评价也存在着一种特殊的冲突——学术逻辑冲突。教师往往根据自己的教学经验和对学生的深入了解来评价教学效果，他们更注重教学的实际效果和学生的反馈。而同行则可能从更宏观的角度审视教学，更注重教学的创新性和学术价值，以及是否符合学科发展的前沿趋势。

这种学术逻辑的冲突在很大程度上源于教师与同行在教学理念和方法上的差异。为了解决这种冲突，教师需要积极与同行进行深入的交流和探讨，了解最新的教学理念和方法，不断提升自己的教学水平和创新能力。同时，同行评价也应更加注重教学的实际效果和学生的真实反馈，避免过于追求形式上的创新而忽视教学的本质和目的。

（四）教师评价与政府评价之间的行政逻辑冲突

在高校环境学课程的教学中，教师与政府之间在评价教学时也存在着明显的行政逻辑冲突。教师通常更注重教学的自主性和灵活性，他们希望根据学生的学习情况和需求来灵活调整教学内容和方法。而政府则更注重教学的规范性和统一性，他们希望通过制定统一的教学标准和规范来确保教学质量和公平性。

这种行政逻辑的冲突主要源于教师与政府在教学管理上的不同理念和要求。为了解决这种冲突,教师需要了解并遵守政府制定的教学规范和标准,同时也要积极向政府反馈教学中的实际情况和需求,争取更多的教学自主权和灵活性。政府也应更加尊重教师的教学自主权和创新精神,避免过度干预教学活动和束缚教师的教学创造力。

(五)教师评价与社会评价之间的市场逻辑冲突

在教师与社会之间也存在着市场逻辑的冲突。教师通常更注重教学的教育性和学术性,他们希望通过教学培养学生的综合素质和创新能力。而社会则可能更注重教学的实用性和经济效益,他们希望通过教育投资获得更直接的回报和效益。

这种市场逻辑的冲突主要源于教师与社会在教学目标上的不同追求和价值观的差异。为了解决这种冲突,教师需要更加关注社会的需求和期望,了解行业发展的最新动态和趋势,调整教学内容和方法以适应社会的变化和发展需求。同时,社会也应更加尊重教学的教育性和学术性特点,避免将教育完全市场化或功利化。

综上所述,高校环境学课程教学多元主体评价的逻辑冲突主要体现在教师评价与学生评价、高校评价、同行评价、政府评价以及社会评价之间的不同逻辑取向上。这些冲突的存在是不可避免的,但也是可以协调和解决的。通过加强各方的沟通与合作、共同制定合理的教学目标和评价标准,以及不断优化和完善教学评价体系等方式,可以有效地协调这些冲突,促进教学质量的全面提升和高等教育的持续发展。

三、高校环境学课程教学多元主体评价的优化策略

高校环境学课程教学多元主体评价面临多方面的逻辑冲突,为了优化这一体系,需要采取一系列策略来化解这些冲突。以下将详细阐述针对不同类型的冲突所提出的优化策略。

(一)化解知识效用冲突:把握教学内容的向生性与真实性

在高校环境学课程教学中,教师与学生之间存在的知识效用冲突主

要源于两者对知识需求和期望的差异。为了化解这一冲突，教学评价应更加关注学生的实际需求和学习兴趣，确保教学内容的向生性和真实性。

以学生为中心的教学设计。教师应根据学生的实际情况和学习特点，设计贴近学生生活、能够引发学生兴趣的教学内容。例如，通过引入实际环境问题案例，让学生分析并解决问题，从而提高学生的参与度和学习效果。

真实性与实践性相结合。在教学评价中，应强调知识的真实性和实践性。教师可以通过实地考察、环境监测等实践活动，让学生亲身体验环境学的实际应用，从而增强学生对知识的理解和应用能力。

动态调整教学内容。教师应根据学生的反馈和学习效果，动态调整教学内容和难度，以确保教学内容始终与学生的实际需求相匹配。

（二）化解价值判断冲突：谨遵教学的核心价值而非工具价值

在高校环境学课程教学中，教师与高校之间存在的价值判断冲突主要源于对教学目标的不同理解。为了化解这一冲突，教学评价应谨遵教学的核心价值，而非仅仅将其视为提升学校声誉的工具。

明确教学目标。高校应与教师共同明确环境学课程的教学目标，确保教学评价能够真实反映教学目标的实现程度。

强调过程与结果的统一。在教学评价中，既要关注学生的学习成果，也要关注教师的教学过程和教学方法。通过综合评价，更全面地反映教学的实际效果。

鼓励教师创新。高校应鼓励教师在教学方法和内容上进行创新，以更好地实现教学目标。同时，教学评价应给予教师足够的空间和自由度，以激发教师的教学热情和创新精神。

（三）化解学术逻辑冲突：坚持公允性与学术性相连接

为了化解教师与同行之间的学术逻辑冲突，教学评价应坚持公允性与学术性相连接的原则。

建立公正的评价机制。在教学评价中，应建立公正、透明的评价机制，确保每位教师的教学成果都能得到客观、公正的评价。

强调学术性评价。教学评价应注重对教师学术水平的评价，包括教师的科研能力、学术成果等方面。通过学术性评价，激励教师不断提升自己的学术素养和教学水平。

促进学术交流与合作。高校应鼓励教师之间的学术交流与合作,共同探讨环境学教学的最佳实践和方法。通过交流与合作,增进教师之间的了解和信任,从而减少学术逻辑冲突的发生。

(四)化解政治逻辑冲突:回归学术逻辑而非政治逻辑

在教学评价中,应避免政治逻辑对学术评价的干扰,确保教学评价的客观性和公正性。

保持评价的独立性。教学评价应独立于任何政治因素,仅根据学术标准和教学实际效果进行评价。

建立学术评价机制。高校应建立完善的学术评价机制,确保教学评价能够真实反映教师的教学水平和学术能力。

增强评价透明度。通过公开教学评价的标准和过程,增强评价的透明度,减少政治因素对教学评价的影响。

(五)化解市场逻辑冲突:注重学术效益与社会效益相结合

为了化解市场逻辑冲突,教学评价应注重学术效益与社会效益的结合。

平衡学术与市场需求。在教学评价中,既要关注教师的学术成果和教学水平,也要考虑教学内容是否符合社会需求和市场发展趋势。

强调实际应用价值。鼓励教师将环境学理论与实际应用相结合,培养学生的实践能力和创新意识。通过实际应用价值的体现,提升环境学课程的社会认可度。

建立产学研合作机制。高校应积极与企业、研究机构等建立产学研合作机制,共同推动环境学领域的研究与应用。通过合作与交流,促进学术效益与社会效益的良性互动。

综上所述,高校环境学课程教学多元主体评价的优化策略需要从多个方面入手,包括化解知识效用冲突、价值判断冲突、学术逻辑冲突、政治逻辑冲突和市场逻辑冲突。通过实施这些策略,我们可以更全面地评价教师的教学效果和学生的学习成果,推动高校环境学课程教学的持续改进和提升。

第二节　人工智能支持下的环境学课堂教学评价模型

一、模型构建

在当前教育信息化的大背景下，人工智能技术在课堂教学中的应用已经取得了显著的成果。智慧教室作为一种结合了人工智能技术的现代化教学环境，不仅优化了课堂教学内容，方便了学习资源的获取，也推动了课堂交互的发展，同时具备了情境感知和环境管理等多种功能。智慧教室的环境设施，如拾音麦克、摄像头、体域网传感器等，为人工智能课堂观察提供了技术支持和硬件基础，能够采集课堂教学中的师生语音、视频、生理信号等多模态数据。然而，尽管人工智能技术在课堂教学评价中具有巨大的潜力，但其应用仍然面临一些挑战。首先，基于人工智能数据分析的课堂教学评价目前还存在结果精确度有偏差的问题。其次，评价内容较为单一，无法准确地评估师生状态、情感等。此外，由于机器学习算法的局限性，其对数据的处理和分析可能存在误判，需要人工参与或反馈等多回路的模式进行解读与分析。

针对以上问题，本节提出了一种人工智能技术支持下的课堂教学评价模型，该模型由六个要素组成，如图 6-1 所示。

二、要素说明

（一）人工智能技术支持下的智慧课堂环境

在教育领域，人工智能技术（AI）的应用已经越来越广泛，其中之一就是将其应用于环境学课堂教学的评价与分析过程。AI 技术能够优化课堂教学分析的方法和技术，提高教学效果。这里将围绕人工智能支持下的环境学课堂教学评价模型构建展开讨论，通过科学文献语言逻辑和有效写作技巧的经验，使文章更具学术价值。

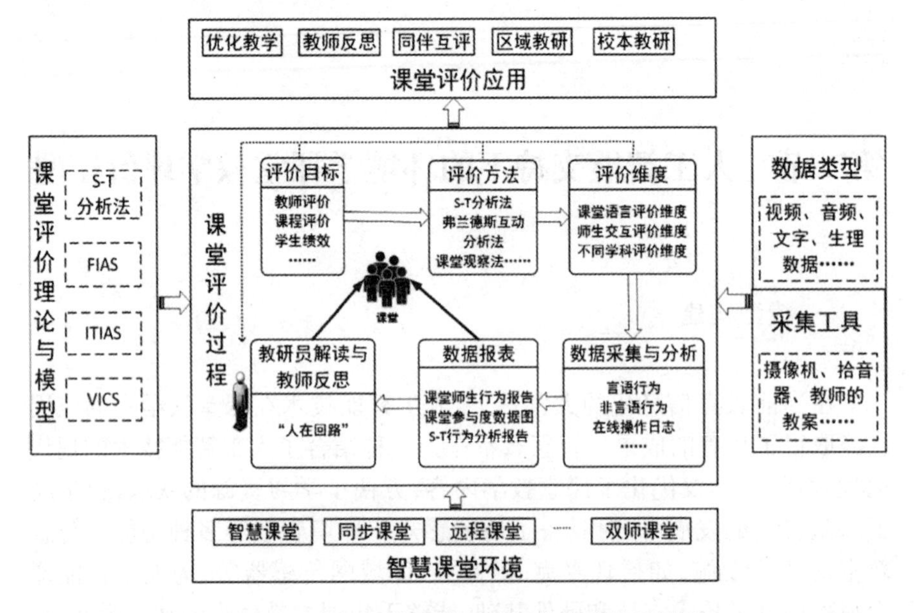

图 6-1 人工智能支持下的课堂教学评价模型

课堂的多样性是AI技术支持下的环境学课堂教学评价模型构建的基础。课堂主要包括传统课堂、智慧教室、同步课堂、远程课堂、在线课堂、双师课堂等。其中，智慧教室在人工智能技术支持下，通过机器人、图像识别、语音识别、计算机视觉、机器学习、自然语言处理等多种人工智能技术，具备优化课堂教学内容、便利学习资源获取、促进课堂交互开展，以及情境感知和环境管理等多种功能。

评价模型应包括教学内容、学习资源、课堂交互、情境感知和环境管理等多个维度。通过对这些维度的评价，可以全面了解教学效果，为优化教学提供依据。在教学内容方面，AI技术可以帮助教师分析教学内容是否符合学生需求，是否具有趣味性和实用性。在学习资源方面，AI技术可以识别学习资源的质量和适用性，为学生提供个性化的学习资源推荐。在课堂交互方面，AI技术可以监测学生的参与度和互动情况，为教师提供反馈，促进课堂互动。在情境感知方面，AI技术可以模拟不同环境场景，帮助学生更好地理解和掌握环境学知识。在环境管理方面，AI技术可以帮助教师实时监测课堂环境，确保课堂秩序和学生的舒适度。

评价模型应具备实时性和可操作性。实时性意味着评价模型能够实时监测课堂情况，为教师提供及时反馈。可操作性意味着评价模型应该易于使用，教师可以方便地输入数据和设置评价指标。此外，评价模型还应具备可扩展性，以便在未来添加新的评价维度和技术。

评价模型的构建需要考虑到数据安全和隐私保护问题。AI 技术支持下的环境学课堂教学评价模型需要收集大量的学生和教师数据，这些数据涉及学生的隐私和教师的教学策略。因此，在构建评价模型时，应确保数据的安全性和隐私保护，遵守相关法律法规，保护学生和教师的权益。

（二）课堂观察方法与技术

课堂观察是带着明确的目的、观察已选择对象的行为、对观察情况进行记录，以及对数据进行处理并呈现结果的一种行为。现有的一些较为流行的课堂观察方法如：S-T（Student-Teacher）分析法、弗兰德斯互动分析系统（FIAS）、基于信息技术的互动分析编码系统（ITIAS）、言语互动分类系统（VICS），四类方法都是以课堂教学视频为研究对象，主要关注教师行为和学生行为，利用时间抽样，得出课堂结构和教学风格。

（1）S-T（Student-Teacher）分析法

S-T（Student-Teacher）分析法主要通过对课堂上学生和教师行为的系统观察和分析，来评估课堂互动的效果。

在 S-T 分析法中，我们着重观察两个核心维度：学生的参与度和教师的引导度。学生的参与度体现在他们在课堂上的主动性、互动性和问题解决能力上；而教师的引导度则体现在他们如何激发学生的学习兴趣、如何有效地组织和管理课堂，以及如何提供必要的知识和技能支持等方面。

为了更具体地实施 S-T 分析法，观察者需要采用一个标准化的观察工具，即 S-T 分析表。该表格详细记录了课堂上学生和教师的行为表现。观察者需定时（例如，每分钟或每两分钟）记录一次课堂行为，并在相应的表格中进行标记。

通过对这些数据的收集和分析，观察者可以全面而客观地了解课堂互动的整体情况，包括学生的参与程度、教师的引导方式以及师生互动的质量等。这些数据为评估教学质量提供了重要依据，也为改进教学方法提供了有力的支持。

需要强调的是，S-T 分析法虽然具有其独特的优势，但并非万能的。它可能无法涵盖课堂互动中的所有细节，尤其是非言语交流方面。因此，在应用 S-T 分析法时，观察者应与其他观察方法和工具相结合，以获得更全面的课堂互动信息。

（2）弗兰德斯互动分析系统（FIAS）

弗兰德斯互动分析系统的主要目的是对教室中的师生互动进行系统的、客观的观察和分析。通过这种方法，教育者可以了解教学过程中的有效性和效率，识别出可能存在的问题，并提供改进教学的依据。

弗兰德斯互动分析系统采用定量的观察方法，具体步骤如下。

编码体系：该系统把课堂言语活动分为10个种类，每一个分类都有一个对应的代码。这些代码用于描述教师和学生的语言行为。

观察与记录：观察者在指定的时间内，每隔3秒就根据上述分类中最能描述当前师生互动的种类进行编码，并将这些编码记录在表格中。如果某一行为发生，就在相应的代码下打勾或画“正”字。

数据分析：通过对记录的数据进行分析，可以计算出各类行为在课堂中的发生频率和持续时间，以及它们之间的关联和比例。

弗兰德斯互动分析系统的结果主要包括以下几个方面。

行为频率和持续时间：通过数据分析，可以得到各类行为在课堂中的发生频率和持续时间，从而了解教师和学生的互动模式。

行为比例：通过计算各类行为在课堂行为中所占的比例，可以分析出课堂的结构特征，如教师主导的时间、学生主导的时间、沉寂时间等。

师生互动模式：通过对教师和学生的语言行为进行分析，可以了解他们之间的互动模式，如提问与回答、讲解与听讲、讨论与交流等。

教学改进建议：根据分析结果，可以为教师提供针对性的教学改进建议，如增加学生参与的机会、调整教学方式、提高课堂互动质量等。

（3）基于信息技术的互动分析编码系统（ITIAS）

基于信息技术的互动分析编码系统是一种用于课堂观察的工具，其目的在于通过详细记录和分析课堂上师生之间的互动行为，来评估和提高教学质量。这种方法可以提供关于课堂动态、学生参与度和教师教学方法等方面的深入见解。

在课堂观察中，ITIAS的操作方法主要包括以下几个步骤。

选择观察对象：确定要观察的课堂，可以是真实的课堂环境，也可以是录制的视频或音频资料。

观察并记录：观察者使用ITIAS的编码系统，每3秒钟记录一个最能描述的行为，并赋予一个编码符号作为观察记录。这些编码符号代表了不同的互动类型，如教师的讲解、学生的回答、师生之间的交流等。

数据整理与分析：将所有记录的编码进行整理，统计各类互动行为的发生频率和持续时间。然后，通过对数据的分析，可以揭示课堂互动的特点、存在的问题以及改进的方向。

基于ITIAS的课堂观察结果通常包括以下几个方面。

课堂互动的总体情况。包括互动的频率、类型和持续时间等，这有助于了解课堂的活跃程度和学生的参与度。

学生的学习状态。通过观察学生的互动行为，可以评估他们的学习状态，如注意力集中程度、参与度等。

教师的教学方法。通过分析教师的互动行为，可以了解他们的教学方法、教学风格以及对学生的引导方式等。

课堂环境的氛围。课堂互动的质量也反映了课堂环境的氛围，如师生关系、课堂氛围等。

基于以上结果，教师可以根据分析结果调整教学策略，提高教学效果；学校管理者也可以利用这些数据进行教学质量评估和改进。同时，这些结果还可以为教育研究者提供有价值的参考数据，推动教育理论和实践的发展。

（4）言语互动分类系统（Verbal Interaction Category System，VICS）

言语互动分类系统（VICS）是一个课堂语言行为的分析框架，该框架由艾密顿和亨特（E.Amidon & E.Hunter）在1967年提出。VICS系统旨在对课堂中的语言互动进行科学分类，通过明确的行为类别来指导观察者记录并分析课堂教学中的师生语言交流情况。

VICS课堂观察的主要目的在于客观地分析课堂教学过程中的语言互动情况，从而为教师提供改进教学的依据。具体目的包括：

理解课堂语言互动模式。通过VICS的分类系统，深入了解课堂中教师和学生之间的语言交流模式，包括互动的频率、方式和质量。

评估教学风格与学习风格。分析教师的教学风格以及学生的学习风格，探究它们如何相互影响，以及这些风格对教学效果的影响。

发现问题与改进教学。通过VICS的观察和分析，发现课堂教学中存在的问题和不足，如师生互动不平衡、学生参与度低等，为改进教学提供具体的指导。

在进行VICS课堂观察时，需要遵循以下步骤和方法。

编码与分类。使用VICS系统对课堂中的语言行为进行编码和分类，确保每个行为都能被准确地归入相应的类别。

记录数据。通过观察记录每个语言行为的发生频率和持续时间，确保数据的完整性和准确性。

数据分析。对记录的数据进行统计和分析，了解各种语言行为在课堂中的分布和比例，以及它们之间的关系和影响。

综合评估。结合课堂观察的其他维度（如课堂氛围、学生反应等）进行综合分析,形成对课堂语言互动的全面评估。

通过 VICS 课堂观察,可以获得以下结果。

数据统计与分析。获得关于课堂中各种语言行为的数据统计,包括发生次数、持续时间等,为进一步分析提供基础数据。

互动模式与特点。分析出课堂中主要的语言互动模式和特点,揭示师生之间的交流方式和互动质量。

问题与不足。发现课堂中存在的问题和不足,如某些语言行为过多或过少、师生互动不平衡等,为改进教学提供指导。

改进建议。根据观察结果和分析,为教师提供具体的改进建议,如调整提问方式、增加学生互动等,以提高教学效果和学生的学习效果。

(三)课堂数据采集

在智慧课堂的教学模式中,构建评价模型的核心在于有效地生成并采集结构化、非结构化和动态生成性的教学数据。结构化数据涵盖了教师与学生的考勤记录、课程详情、学生个人资料及成绩,以及计算机操作日志等关键信息。相对而言,非结构化数据则更加广泛,包括图片、音视频资料、教案、作业文本以及学生的创作作品等。

动态生成性数据在智慧课堂中占据重要地位,它主要聚焦于教师与学生在实际教学互动中所产生的即时性数据。这些数据涉及教师的教学行为、学生的学习行为、学习活动、学习进度等多个维度,还包括学生与学习环境之间的交互数据、学生操作各类教学资源所产生的数据,以及这些因素之间所呈现的关系数据。

为了确保数据的全面采集,智慧课堂配备了多种硬件设备,如电脑、手机、录音摄像装置、扫描仪以及理科实验传感器等。此外,智慧课堂系统还集成了答题器和输入器等设备,以支持数据的实时录入。在人工智能技术的支持下,课堂教学评价所需的数据类型愈发丰富,包括视频、音频、文字记录以及生理数据等。这些数据的采集主要依赖于教室内的各类基础设施,如摄像机用于捕捉视频数据,麦克风用于录制音频数据,教师的教案与白板互动则产生文字数据,而可穿戴设备则用于收集学生的生理数据。通过这些多样化的数据采集方式,我们能够更全面地了解教学情况,从而做出更准确的评价。

（四）人工智能支持的教学分析与可视化

课堂观察，作为一种系统而连续的行为，涵盖了多个关键阶段，从明确观察目标，到选定观察对象，再到专注于具体的观察行为，记录所见所闻，进而处理和分析观察数据，并最终呈现观察结果。这一流程不仅是对课堂活动的细致剖析，更是一个发现问题、分析问题并寻求解决方案的循环过程。在这一过程中，教师能够更深入地理解和把握课堂教学中的种种事件，进而在数据的支撑下，反思自己的教学行为，探索更高效的教学策略。

在人工智能技术的助力下，课堂教学评价得以进入一个新的维度。这一评价过程的核心在于，依据既定的评价维度，对课堂进行全面而精准的数据采集。随后，借助先进的课堂教学分析理论，对收集到的数据进行深度处理、特征识别以及统计分析，从而得出客观、科学的评价结果。在人工智能环境下，数据类型丰富多样，包括视频、音频、文字记录、日志信息以及生理数据等，这些都为全面评价课堂教学提供了宝贵的信息。

数据的处理是评价过程中的关键环节。这一过程包括数据清洗，以去除冗余和错误信息；数据转化，将原始数据转换为适合分析的形式；数据抽取，提取关键信息；数据合并，整合不同来源的数据；以及数据计算，对数据进行统计分析。通过这一系列操作，原始数据得以转化为有价值的信息，为后续的分析和评价提供坚实基础。

基于课堂分析的维度与行为编码标准，利用人工智能的语音识别、图像识别等技术，将视频、音频、日志数据中的非结构化信息转化为结构化数据，从而更直观地反映课堂教学行为和状态。学习分析作为评价的重要技术手段，通过数据挖掘算法，如分类与回归、聚类、潜在知识评估、文本与语音挖掘、社会网络分析以及序列模式挖掘等，对课堂教学进行深入剖析。最终，学习分析的结果以可视化数据报表的形式呈现，使教师能够直观地了解课堂教学情况，进而优化教学策略，提升教学效果。

通过这种人工智能支持下的环境学课堂教学评价模型构建，可以实现对课堂教学过程的全面、准确和深入的评价，从而为教师提供有针对性的教学改进建议，提高课堂教学质量和效果。同时，这种评价模型也有助于推动环境学教学改革，促进教育教学的现代化和智能化。

（五）教研员解读

在环境学课堂教学评价模型构建中，教研员这一角色起到了至关重要的作用。他们不仅负责促进教师专业发展及提高教学质量，而且习惯采用定性与定量相结合的方式进行课堂观察。在听课后，教研员会与教师进行深入交流，凭借自身丰富的实践性经验和知识，能非常准确地抓住课堂中的问题和亮点，并向教师提出一些改进建议。这是定性的课堂观察方法，其标准大多源于教研员自身的教学经验。

随着信息技术的日新月异，课堂观察的方式也在不断创新。录音、录像设备的普及使得我们能够全程记录课堂，通过专用的分析软件或平台，对课堂进行细致入微的影像化、可视化分析。这种方法不仅能分析课堂教学模式、教学结构，还能深入剖析课堂互动质量、行为数据，以及它们之间的关联矩阵。这种定量的观察方法极大地丰富了课堂观察的手段和技术，使我们对课堂有了更全面、更客观的认识。

在本课堂评价模式中，教研员的参与起到了至关重要的作用。他们不仅解读数据报表，还形成了“人在回路”的独特解读范式。这种范式强调人与机器的互动，通过人的参与提升问题求解的效果。教研员凭借丰富的教学经验，结合机器输出的数据报表，进行主观与客观的综合分析，从而生成一份更加全面、精准的分析结果。

教研员可以对整体的分析结果进行横向和纵向的对比，从而更全面地评价课堂，为教学提供有针对性的提升建议。同时，他们的解读结果还可以对机器的输出进行反馈和校准，进一步提高机器输出数据的精准度。这种人为参与或反馈的多回路课堂评价模式，不仅提升了评价的准确性，还促进了人与机器之间的良性互动。

（六）教师反思

教师反思在环境学课堂教学中起着至关重要的作用，它不仅是教师实践转变的关键因素，也是协调教师信念与实践之间矛盾的关键环节。根据相关研究，反思和反思性实践在实践过程中具有显著的潜在影响，对教学进行反思的教师往往能通过鼓励改变其实践方式。因此，构建一个基于人工智能支持的环境学课堂教学评价模型，能够有效地促进教师反思，进而提升教学质量。教师从个人反思发展到集体反思直到总结反思的流程如图 6-2 所示。

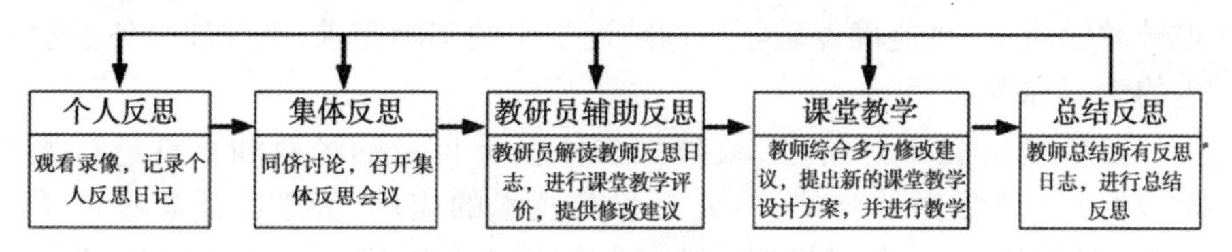

图 6-2　教师反思流程

（1）教师应进行个人反思。具体操作包括：观看教学录像，并以旁观者的身份记录教学中的关键事件，思考教师产生某种教学行为的原因与效果，提出教学问题，并提出解决方案与预期反思效果，记录在个人反思日志中。这种方法有助于教师深入剖析自身教学行为，发现潜在问题，并寻求解决方案。

（2）教师应与同侪教师进行集体反思。集体反思的议题应由教师之间互相提问与解答问题来确定。会议结束后，教师应更新个人反思日志。这种方法可以促进教师之间的交流与互动，共享教学经验，提升教学水平。

（3）教师应将个人反思日志与课堂教学材料提供给教研员。教研员将课堂教学视频输入到课堂教学自动评价系统，评价系统会生成一份报表。教研员会解读报表并与教师的个人反思日志相结合，提出修改建议，最终生成一份综合评价报表，提供给反思教师。

（4）在得到改进建议后，教师应重新进行课堂教学设计，并重复执行前三个步骤。这种方法有助于教师将反思付诸实践，提升教学质量。

（5）教师应综合所有反思日志进行反思总结。总结内容应包括教学流程反思、教学材料反思、交互设计反思、教师个人言语和行为反思，以及教师课后反思等。这种方法可以促使教师对教学过程进行深入思考，提炼教学经验，提升教学水平。

（七）课堂评价的应用

人工智能在环境学课堂教学评价模型构建中的应用，主要体现在优化教学、教师反思和同伴互评三个方面。

在优化教学方面，人工智能技术的应用使得课堂教学评价更加客观和科学。通过自动识别和分析课堂中的教学言语和行为，人工智能能够生成详细的数据分析报表，为教师提供有关教学效果的直观反馈。教师可以根据这些数据结果，结合教研员的解读，深入剖析教学设计中存在的问题，从而有针对性地优化教学结构，改善师生交互行为。这不仅有助于提升教学质量，更能确保教学更加贴近学生的实际需求，更好地服务于学生的学习和发展。

在传统的教学评价中，教师往往依赖于自身的经验和直觉进行反思，缺乏客观数据的支持，而人工智能技术的应用，为教师反思提供了有力的数据支撑。通过机器生成的数据报表和教研员的解读报告，教师可以更加清晰地认识到自己在教学过程中的不足和优点，从而进行有针对性的自我反思和改进。这种基于数据的反思方式，不仅提高了教师反思的准确性和深度，也有助于教师形成更加科学、系统的教学理念和方法。

在人工智能教育环境下，教师之间的教研活动变得更加便捷和高效。观课者和教研员可以通过移动智能设备对课程进行实时点评和反馈，打破了传统教研活动的空间和时间限制。这种同伴互评的方式不仅充分尊重了观课者的发言和点评权，也使得评价更加全面和客观。通过同伴之间的互相学习和交流，教师可以发现自身在教学中的亮点和不足，从而不断完善自己的教学方法和策略，推动整个教师群体的专业发展。

第三节 数字化转型背景下高校环境学教学质量评价体系构建

一、数智时代高校环境学教学评价体系的维度拓展

数智时代是近现代社会技术创新发展的第四个时代，它代表着数字化、智能化与人类社会实践活动紧密结合的时代。在数智时代，数智化的本质是万物互联，具体表现为三个层次，即数智物质连接、数据价值提炼、效率应用赋能。数智时代所带来的万物互联，推动着高校教学评价的数智化转型，通过关系变革、场域变革、科技变革、应用变革拓展了高校教学评价体系"师—生""校—社""教—创""学—用"等四个维度。①

① 冯世昌.拓维与共生:数智时代高校教学评价体系建设的高质量发展路径[J].黑龙江高教研究,2024,42(02):84-89.

（一）数智时代的“师—生”维度

数智时代的到来,为教学方式带来了前所未有的变革。从传统的线下课堂教学,到线上线下混融式教学,这种转变不仅拓展了师生的教学联结关系,更使教学方式呈现出多样化和个性化的特点。特别是通过电脑、手机、iPad等媒介的互联,教师和学生的线上连接更加紧密,实现了教学资源的共享和优化配置。

数智化线上教学的优势是显而易见的。首先,它极大地拓展了“师—生”之间的联结时空,使得教学不再受限于特定的时间和地点。无论是多时段的线上直播,还是录播后的再现与共享,都为教学提供了极大的便利。其次,数智化线上教学还使得教学切片分析与数据价值提炼成为可能,通过教学技术手段,教师可以更加深入地了解学生的学习情况,从而进行更有针对性的教学,但数智化线上教学也带来了一些潜在的问题。一方面, AI教学媒介的主体性地位逐渐凸显,对教师的主体地位及教学方式的自主性形成了挑战;另一方面,数智化教学媒介将“真实的人”隐藏起来,使得教学变得不那么直接和生动。

因此,在数智时代,高校教学评价应当更加注重价值挖掘,避免数智化泛滥产生机器替代人的趋势。要实现“异质共生”,就需要正确研判数智时代“师—生”维度拓展所引发的教学主体关系变化,促进教师、学生与数智化媒介之间的良性互动。同时,建立适契的高校教学评价制度也是至关重要的,这样才能确保教学评价的科学性和有效性,推动高校教学的持续改进和发展。

（二）数智时代的“校—社”维度

在数智时代,万物互联的特性使得“校—社”之间的距离显著缩短,两者之间的关系变得更为紧密和辩证统一。这种变化不仅打破了校园作为封闭“象牙塔”的传统形象,还使得高校在承担教学和研究任务的同时,更多地承担起社会责任和服务职能。与此同时,社会在吸纳高校的科研成果和创新力量的过程中,也促进了企业投入与产出的速率,使得企业用工需求和校园育人导向之间的联系更加紧密。

数智经济作为新时代的重要特征,以数字化、网络化、智能化为驱动,为经济的高质量发展注入了新的活力。在这种背景下,“校—社”之间的联动和融洽变得尤为重要,它们之间的互动和合作能够挖掘出更多的数据价值,为双方的共同发展提供有力支持。

优化高校教学评价体系,善用评价功能以促进“校—社”之间的协同合作,成为构建高质量教学评价体系的关键所在。教育部等部门在2023年提出了加强教育系统与行业部门联动的要求,这标志着高校教学培养和企业用工需求的精准对接已经成为重要的政策导向。因此,高校教学评价体系的调整和优化变得刻不容缓。我们需要主动预测和适应数智时代的社会化产业转型和高质量教学发展的变化,充分释放“校—社”人力资源的自主选择性和行业流动性。通过数智化互联,我们可以更深入地理解“校—社”之间的关系,挖掘数据价值,实现教学生产与人力资源的高效对接。

在这一过程中,我们还需要注重发挥教学评价体系的引导作用,促进高校与社会的深度融合。通过优化评价体系,我们可以更好地评估高校的教学质量和社会服务能力,引导高校更加注重实践教学和社会责任,培养更多符合社会需求的高素质人才。

(三)数智时代的“教—创”维度

在数智时代,线上教学活动正经历着一场深刻的变革。传统的教学方式被数字化、智能化的编码形式所取代,这些形式通过大数据的分析处理,能够精确地模拟和复制教师的教学风格,甚至实现教学内容的再造和创造。这种转变不仅重塑了教学的传播形态,也进一步拓展了“教—创”维度,使得教学活动更加高效、多元和个性化。但数智化技术的使用也是一把双刃剑。不当地使用和滥用可能导致一系列问题,如削弱师生的创造力、引发教学评价伦理危机等。这些问题不仅会影响教学效果,还可能破坏原本应该更加紧密的教学与创造关系。

教育部和科技部在2020年强调了建立科学评价体系的重要性。他们呼吁通过科学的评价体系来营造良好的创新环境,提升教育治理体系和治理能力现代化水平。同时,文件还指出了当前高校学术价值追求扭曲、学风浮夸浮躁和急功近利等问题,强调需要扭转这些不良倾向。

在这个导向下,数智时代高校教学评价体系的高质量发展应强化教学管理,逐步摆脱功利化价值取向的束缚,有效构建起“教学—创造”的融合机制。具体而言,可以从以下几个方面着手。

建立科学的评价体系。评价体系应综合考虑教学内容、教学方法、教学效果等多个方面,避免单一评价指标带来的片面性。同时,评价体系还应注重评价过程的公正性和透明度,以减少评价过程中的主观性和偏见。

注重评价方法的创新。在数智化时代,我们可以充分利用大数据、人工智能等技术,开发出更加科学、准确、高效的评价方法。例如,我们可以利用大数据分析学生的学习行为,以更好地了解学生的学习效果;利用人工智能技术,实现评价过程的自动化和智能化,提高评价效率。

加强教学管理的规范化和制度化。教学管理应遵循教育法律法规,制定科学的教学管理规章制度,确保教学活动的规范进行。同时,教学管理还应注重对教师的培训和指导,提高教师的教学水平。

构建“教学—创造”的融合机制。教学评价应关注学生的创新能力和创造力,评价结果应鼓励学生进行创新性的学习。同时,学校还应提供丰富的创新平台,如实验室、创新创业基地等,以激发学生的创新热情。

(四)数智时代的“学—用”维度

在数智时代,知识获取的途径和手段都得到了极大的提升,这无疑给我们的学习方式带来了深刻的变化,然而,这种变化并非全然积极,它也带来了一些新的挑战。比如,学习与应用的关系,这在传统的教育观念中,一直被认为是一种紧密的联系,但在数智时代,这种关系却呈现出两种截然相反的观点。

一种观点认为,学习与应用的关系更近了。这种观点主要基于数智化学习下的高速应用推广与普及。在数智化时代,信息传播的速度和范围都得到了极大的扩展,学习不再局限于传统的课堂和书本,而是可以通过网络、人工智能等多种方式进行。这种情况下,学习与应用的界限变得模糊,学习的过程本身就包含了应用的元素。然而,另一种观点却认为,学习与应用的关系更远了。这种观点主要反映在应用速度和普及程度的提升并不能带来质量的提高。虽然应用速度和普及程度的提升确实带来了知识的快速传播和获取,但是,这也带来了一个问题,那就是学习的过程变得浅显和表面化。大量的信息被快速传播,但是真正具有内核创造性和创新性的事物却越来越少了。这种情况下,学习与应用的关系就变得疏离,学习的过程不再深入,应用的效果也不再明显。

因此,如何在数智化时代建立一套有效的高质量的教学评价体系,以引导和评价学生的学习过程,是当前教育界面临的一个重大课题。这套评价体系,不仅需要能够准确地反映学生的学习过程,还需要能够引导和评价学生的应用能力,以此来确保学生的学习过程既深入又有效。

此外,这套评价体系还需要能够适应数智时代的特点,即学习与应用的紧密联系。这就要求评价体系的设计要能够捕捉到行业的需求,以教学评价为导向,精准地匹配行业发展动向。只有这样,才能确保教学设计与行业需求的高度一致,从而提高教学效果,减少教学资源的浪费。

二、数智时代高校环境学教学评价体系的现实困境

在数智时代背景下,高校环境学教学评价体系的高质量发展路径成为教育界关注的焦点。通过对共生理论的最优评价标准进行审视,我们可以发现高校教学评价体系在主体、功能、结构和效果等四个方面仍存在现实困境,这无疑对数智时代高校环境学教学评价体系的高质量发展造成了阻碍。因此,我们需要对教学评价体系进行改革,以适应数智时代的教学需求。

(一)高校教学评价主体存在缺位

我国教学主体理论的发展确实经历了从单一主体到复合主体,再到多元主体的深刻转变。这一转变不仅反映了教育理念的进步,也体现了对教学活动复杂性的深入认识。在这样的背景下,教学评价主体由单极走向多极的变革成为必然趋势。

高校教学评价主体的多元性体现在教师、学生、督导、同行、管理者以及家长、用工单位等多个维度。每个维度都有其独特的视角和诉求,对于全面、客观地评价教学活动具有重要意义,然而,现实中教学评价主体的缺位情况却普遍存在,这严重制约了教学评价的有效性和针对性。特别是学生、家长和用工单位这三个维度的缺位,对教学评价的影响尤为显著。学生作为教学活动的直接参与者,其教学评价往往被简化为形式化的流程,缺乏真正的参与感和话语权。这不仅影响了学生的积极性和批判精神的培养,也制约了教学评价的真实性和有效性。家长作为教育的重要利益相关者,其文化素养和对高等教育的期待都在不断提高。他们渴望参与高校教学评价,提出高质量的建议,但现实中往往缺乏有效的参与渠道和机制。这既剥夺了家长的教育参与权,也限制了教学评价的多元性和全面性。用工单位作为高校人才培养的最终接收者,其参与教学评价对于实现人才培养与社会需求的对接至关重要。然而,现实中用工

单位往往被排除在教学评价之外，导致教学内容和培育方式与实际用工需求脱节，造成人力资源的浪费和流失。

（二）高校教学评价功能逐渐异化

随着我国经济的蓬勃发展，教育投资回报率显著上升，高校在享受资源红利的同时，也承受着巨大的教育压力。在这一背景下，功利化导向的价值观悄然渗透进高校，导致教学评价的工具理性逐渐掩盖了教学作为育人活动的价值理性。这种异化的评价功能使得高校教学评价的多重作用被局限和拆解，过分强调甄别与奖惩功能，例如学术上的“五唯”现象就是其典型表现。“五唯”等功利评价指标虽然从数量上迎合了学科发展的表面需求，但实际上却束缚了学术创新的步伐，抑制了高质量学术成果的产生。在这种异化的评价导向下，研究者们往往被诱导去追求“短、平、快”的科研产出，从而忽视了科研的深度和原创性，导致科研领域出现盲目跟风、重大科研成果缺失等问题。

在高质量教育体系建设的大背景下，必须坚决扭转这种功利化的教育价值观，让教学活动真正回归其育人本位。特别是在数智时代，高校教学评价的需求变得更加多元化，不仅要求满足社会公共服务的需求，还要兼顾各利益主体的个性需求，强调多维联结与综合服务。

从高质量教学评价观出发，高校应有效运用共生最优评判标准，促使高校教学评价的生态位回归，协同发挥高校教学评价治理的导向、激励、诊断、调解、管理和发展等功能。具体而言，高校教学评价应注重价值理性与工具理性的统一，关注教学的育人价值，避免过分强调甄别与奖惩功能。同时，高校应关注科研的深度和质量，鼓励创新和原创，推动科研成果的产生，提升高校的科研实力。

此外，高校教学评价应注重多维度的评价指标，充分考虑教学的质量、效果、成果等多方面因素，避免单一的评价指标对教学评价的误导。同时，高校应加强对评价过程的透明度，提高评价的公正性和公平性，避免评价过程中的权力寻租和利益输送。

（三）高校教学评价结构具有“非对称性”

在数智时代，高校环境学教学评价体系建设的高质量发展路径确实备受关注。面对当前高校教学评价体系中存在的问题，如重宏观轻微观、重课堂轻课后，以及“教与学”“过程与结果”“校内与校外”的非对称性，我们需要重新审视并优化教学评价模式，以适应教学高质量的发展要求和数智化转型的未来趋势。

第一，需要打破传统的教学评价局限，构建一个全面、多元、贯通的教学评价体系。这个体系不仅要关注宏观层面的教学质量，还要深入到微观层面，关注教师的教学方法和学生的学习效果。同时，我们也不能只局限于课堂教学评价，还要关注课后引导和学生自主学习的情况。

第二，针对教学评价面临的复杂性和变动性，需要引入更加科学、合理的评价指标和方法。传统的总结性教学评价虽然有其价值，但难以精准测量学生在学习过程中的动态变化。因此，我们需要结合数智技术，利用大数据分析、学习分析等工具，实时跟踪学生的学习进度和表现，为教师提供及时反馈和调整教学策略的依据。

第三，需要加强家校社之间的联动，促进多元主体之间的互助互评。通过构建动态评价机制，让“教评生”“生评教”以及多元主体之间形成良性互动，共同推动教学质量的提升。这种评价方式不仅能够更全面地反映教学的实际情况，还能够激发教师的教学热情和学生的学习动力。

第四，需要以共生理论为指导，推动教学评价从“结果导向”向“过程导向”转型，从“总结性评价”向“发展性评价”升级。通过关注评价过程的对称性发展，发挥“共生发展”的推动作用，实现教学评价与人才培养的有机结合。

（四）高校教学评价效果呈现“非互惠性”

在数智时代，高校环境学教学评价体系建设的高质量发展路径已经成为教育界关注的焦点。高校教学评价不仅是监测学生培养质量的基本方式，更是诊断教师专业素养的重要手段。高质量的教学评价体系应充分发挥师生的主观能动性和反省思维，通过课堂观测、过程跟踪、科学评估、指导服务等手段和措施来提升教学质量，实现师生在教学活动中的共生共长。

然而，多元主体无法切实参与教学评价，造成了高校教学评价体系高质量动能的缺失。这一问题在主观方面和客观方面都有所体现。从主观方面来看，多元教学主体的缺失导致高校教师忽视学生、家长和用工单位等的建议或意见，造成在教学过程中教师主导、权威和非对称性的局面，最终导致高校教学评价效果的“非互惠性”。这一问题在教学评价体系的设计和实施过程中表现得尤为明显。例如，在评价标准的制定过程中，教师的主观能动性往往占据主导地位，忽视了学生、家长和用工单位等多元主体的需求和意见。这种情况下，教学评价体系很难真正实现多元主体的参与，从而影响了评价体系的科学性和公正性。

从客观方面来看，高校教学评价存在模式陈旧、指标单一、数据匮乏、技术落后和评估灵活性差等问题。这些问题在很大程度上制约了高校教学评价体系的高质量发展。例如，传统的教学评价模式往往过于依赖教师的主观判断，忽视了学生的实际表现和多元化的教学需求。此外，高校教学评价的数据匮乏、技术落后等问题也制约了评价体系的科学性和公正性。

在数智时代，大数据、云计算、人工智能等前沿技术正以前所未有的速度和深度推动教学技术的革新。探索人工智能支持的教学评价，不仅是我国智慧教育发展的内在要求，也是提升高等教育质量、培养创新人才的重要途径。利克莱德的设想为我们提供了一个宝贵的启示：通过人脑与计算机的合作，实现超越人类思维的创新能力。当前，随着计算机技术的迅猛发展、理论心理学的深入研究和人类思想认识的不断提升，我们已经具备了实现这一设想的技术基础和理论支撑。

在当前的高校教学评价实践中，一方面，“师—生互惠性”的缺失使得教学评价往往成为单向的、缺乏互动的过程，难以真正反映教学的实际效果和学生的学习需求；另一方面，“人—机互惠性”尚未显现，智能机器在教学评价中的应用还处于初级阶段，未能充分发挥其潜力。因此，需要积极推动高校多元教学评价主体与智能机器的深度融合，构建起“人机共生”的关系。通过多域共享与交互，开发人机智慧互评互惠的高校教学评价模式。这种模式不仅可以弥补传统评价方式的不足，提高评价的准确性和效率，还可以促进师生之间的深度互动和合作，实现教学相长的良性循环。

具体而言，可以利用人工智能技术对学生的学习数据进行深入挖掘和分析，为教师提供个性化的教学建议和改进方案；同时，通过智能机器对学生的学习过程和成果进行实时评价和反馈，帮助学生及时调整学习策略和方法。此外，还可以借助智能机器进行跨学科、跨领域的综合评价，以更全面、更客观地反映学生的综合素质和能力水平。

三、数智时代高校环境学教学评价体系的优化路径

高校教学评价体系在数智时代背景下，应积极响应多元教学主体的评价需求，进行综合改革，并创新拓维与共生相结合的新模式。这一改革旨在打破传统评价体系的局限，构建更加科学、全面、高效的教学评价体系，以适应数智时代的教学需求和发展趋势。

（一）建立数智型教学评价制度，提升弱势教学主体评价

针对高校教学评价主体缺位所导致的“非共生”现象，需要给予高度重视。这些现象不仅阻碍了高校教学发展的步伐，也降低了教学评价的有效性和准确性。为了解决这个问题，推动数智型教学评价制度的建立显得尤为重要。

高校应深入研究和探索数智型教学评价制度，通过引入大数据、云计算、人工智能等先进技术，实现对教学评价的全面优化和升级。这不仅可以提高评价的效率和准确性，还可以为教学评价提供更加丰富和深入的数据支持。

在研制数智型绩效考评方案时，高校应注重考虑多元教学主体的需求和特点，确保评价方案能够全面、客观地反映教学质量和效果。同时，还应根据不同教学主体的角色和职责，设置合理的权重和指标，以确保评价的公正性和公平性。

为了构建符合多元教学主体联结关系的评价模式，高校应加强各教学主体之间的沟通和协作，形成评价合力。通过搭建有效的沟通平台，促进各教学主体之间的信息交流和反馈，从而实现对教学质量的全面监控和改进。

同时，提升弱势教学主体的评价地位也是至关重要的。教育有关部门和高校教务机构应加强对这些主体的培训和指导，提高其评价素养和能力，使其能够更好地参与到教学评价中来。通过他们的参与和反馈，可以更加全面地了解教学情况，为改进教学提供有力支持。

在数智化教学评价体系建设的过程中，我们必须注意平衡人的认知和智慧与数智化技术的关系。数智化技术虽然强大，但不能完全替代人的作用。我们应该明确数智化技术的辅助地位，发挥其在数据处理、分析

等方面的优势，同时注重人文关怀和价值引导，确保教学评价活动始终以人为本。

（二）塑造高质量的教学评价观，发挥教学评价的数智功能

在数智时代背景下，高校环境学教学评价体系的高质量发展，需要紧密结合数智化育人与高质量教学理念，推动评价体系的全面升级。

第一，要深入理解数智化育人与高质量教学的内涵，并将这些理念融入教学评价体系的每一个环节。这要求在设置评价标准、选择评价方法、分析评价结果时，都要充分体现数智化育人的特点，注重培养学生的创新能力、实践能力和问题解决能力。同时，也要关注教学质量的全面提升，确保教学内容的前沿性、教学方法的科学性和教学效果的实效性。

第二，强化教师在教学评价中的枢纽作用。教师是教学评价的重要参与者，也是教学质量的直接责任人，要鼓励教师积极参与到教学评价中来，充分听取他们的意见和建议。同时，也要加强对教师的培训和指导，提高他们的评价素养和能力，使他们能够更好地理解和应用数智化教学评价工具和方法。

第三，注重发挥教学评价的数智功能。通过引入先进的数据分析技术和智能化评价系统，可以实现对教学过程的实时监控和精准分析，为教学决策提供有力支持。同时，也要防止人为因素导致的功能异化倾向，确保教学评价的客观性和公正性。

第四，推动教学评价模式由外控机械模式向内促创新模式转变。要激发高校教学评价的内生动力，通过评价促进教学质量的提升和教学管理的改进。同时，也要注重发挥教学评价的多元功能，包括鉴定、导向、激励、诊断、调节发展等，实现教学评价与教学活动的良性互动和协同发展。

（三）推动教学评价管理数智化，拓宽多元主体互评渠道

高校教学评价体系在追求多样性和差异性的同时，实现共生发展的目标至关重要。这种共生关系强调在统一中体现多元，在多元中体现统一，以适应高等教育阶段多样化的发展需求。为此，高校需要采取一系列措施来推动教学评价体系的共生发展。

针对教学科目、课题和实践的差异，高校应制定分类、精准的评价模

式和指标。这要求教学评价管理部门深入研究不同学科和课程的特点，设计符合其实际需求的评价方案，以确保评价的准确性和有效性。

高校应关注教学评价结构的“非对称性”，制定多层次的教学评估规范和标准。这要求教学评价管理部门充分考虑不同教学主体在评价过程中的作用和地位，建立合理的权重和指标体系，以反映各主体的贡献和影响力。

高校还应积极推动教学评价管理的数智化转型。通过运用数智技术手段，创新教学评价管理模式，实现教学评价的数字化、智能化和精细化。这包括建立教学评价数据库、开发智能评价系统、利用大数据分析等，以提高评价的效率和质量。

在实施过程中，高校应注重激发多元教学主体的参与意愿。通过制定实施方案、开展教学主题活动等方式，增强多元教学主体之间的联结和互动，形成共建共享的评价氛围。同时，教学评价管理部门还应注重对教学主体关系的教育赋能，将评价与被评价对象视为一体化共生的有机体，推动教学评价与教学活动的深度融合。

高校应建立完善的教学评价反馈与改进机制。通过对教学评价结果的深度分析和反馈，及时发现教学中存在的问题和不足，提出针对性的改进措施。同时，高校还应加强对教学改进工作的跟踪和评估，确保改进措施的有效实施和持续改进。

（四）构建并喻文化的互惠模型，实现高质量的教智融合评价

在数智时代背景下，构建高质量的高校环境学教学评价体系是教育发展的重要任务。共生文化作为一种文化样态和发展样态，为教学评价体系的创新提供了新思路。在构建教学评价体系时，应注重多元主体之间的相互理解与并肩激励，打破传统前喻文化的束缚，推动后喻文化与并喻文化的共生发展。

教师作为评价枢纽，应发挥关键作用，积极引导学生、家长和社会参与教学评价，形成多元主体的共同参与和互动。同时，利用数智技术手段，可以更有效地收集和分析多元主体的评价数据，实现教学评价的精准化和个性化。

在推进教智融合评价方面，高校应全面推进教学评价部门的数智化监管，加强对线上教学的常态化监测，确保教学质量的持续提升。此外，将教学效果、学习状态、师生关系、学生反馈等指标纳入教师考核评价，有

助于提升教师的教学履职能力,激发教学创新的活力。同时,高校还应注重数智科技与人文精神的结合,兼具实证主义与人文主义精神,实现人机智慧的互惠共生。这不仅有助于提升教学评价的科学性和客观性,更能体现教学评价的人文关怀和教育价值。

参考文献

[1] (德)赫尔曼·哈肯. 协同学：大自然的构成的奥秘 [M]. 凌复华译. 上海：上海译文出版社，2013.

[2] (美)乔希·米特尔多夫，多里昂·萨根. 不自私的基因 [M]. 杨泓，孙红贵，缪明珠译. 广州：广东人民出版社，2018.

[3] 刘凤，任百祥，腾洪辉，等. 高校环境学概论课程教学改革与探索 [J]. 安徽农业科学，2014，42（12）：3752–3754.

[4] 王素娜，楚纯洁.《环境学概论》课程教学改革与实践研究 [J]. 佳木斯职业学院学报，2016（5）：234–235.

[5] 廖明军，李祝.《环境学概论》课程教学改革中的几点思考 [J]. 广州化工，2018，46（10）：136–137，154.

[6] 齐云，杨永奎. 环境学概论课程教学改革探索与实践 [J]. 广东化工，2017，44（11）：286，289.

[7] 徐晓峰，石兆勇，王浩，等. 环境学概论课程的教材演变：概念、过程与内容布局 [J]. 大学教学，2018（1）：72–75.

[8] 丁文慈，胡劲召，陈文山. 环境学概论的教学方法探讨 [J]. 琼州学院学报，2011，18（1）：54–55.

[9] 郭大力.《环境学概论》课程教学内容与教学方法改革探讨 [J]. 赤峰学院学报，2013，29（3）：184–185.

[10] 曹艳芝，郭少青，高丽兵，等. 环境学概论课程教学改革探索 [J]. 广东化工，2018，45（6）：245–246.

[11] 刘明秋，全哲学，丁晓明. 基于"以学为中心"的微生物学课程设计的探索与实践 [J]. 微生物学通报，2020，47（4）：1100–1109.

[12] 乐毅全，王士芬，唐贤春.《环境工程微生物学》课程建设的探索与实践 [J]. 微生物学通报，2011，38（9）：1430–1434.

[13] 江敏，周琴，齐龙. 任务驱动式教学方法的改革与实施：以"电工电子技术"课程为例 [J]. 机械设计与制造工程，2020，49（6）：121–124.

[14] 李安全 . 任务驱动教学模式在电力拖动课程中的探索与实践 [J]. 电子元器件与信息技术，2020，4（6）：151–153.

[15] 吴涓 . 环境科学专业环境学课程的教学改革探索 [J]. 环境与发展，2020，32（12）：211–212.

[16] 张永利 .PBL 教学法在环境学课程中的应用研究 [J]. 科技信息，2009（20）：73–73.

[17] 赵玲子，滕洪辉，石淑云，等 . 探究式教学模式在环境学教学中的应用 [J]. 广东化工，2013，40（3）：158–158.

[18] 吴德东，舒展，肖鹏飞 . 环境学课程教学改革与效果分析 [J]. 中国校外教育，2014（S2）：435.

[19] 程斌，向升 . 结构力学课程"3W3E"教学法 [J]. 高等建筑教育，2020，29（1）：119–125.

[20] 高山，任宇环，何林远，等 . 基于 3W1H 教学法的数据链技术体系与装备课堂设计 [J]. 教育教学论坛，2020，4（14）：256–258.

[21] 徐晓峰，吴珊薇，王发园，等 . 面向职业论证的环境学课程教学改革 [J]. 科技创新导报，2017，14（30）：234–235.

[22] 吕辉雄 . 环境科学概论教学改革初探 [J]. 中国电力教育，2008，123（20）：92–93.

[23] 霍亮，孟璨，徐继存 . 大数据时代教学评价的伦理危机及化解 [J]. 中国教育科学，2022（6）：66–75.

[24] 刘卓 . 建立健全新发展阶段高校教学评价体系 [J]. 中国高等教育，2022（8）：54–55.

[25] 吴晓蓉 . 共生理论观照下的教育范式 [J]. 教育研究，2011（1）：50–54.

[26] 兰国帅，郭倩，魏家财，等 .5G+ 智能技术：构筑"智能 +"时代的智能教育新生态系统 [J]. 远程教育杂志，2019，37（3）：3–16.

[27] 侯浩翔，王旦 . 指向工科学生创新素养培养的教育元宇宙：技术路向与因应策略 [J]. 中国大学教学，2023（7）：34–43.

[28] 刘志军，徐彬 . 我国课堂教学评价研究 40 年：回顾与展望们 [J]. 课程 · 教材 · 教法，2018（7）：12–20.

[29] 陈春莲，唐忠 . 教师教学评价体系的构建与实施：基于"五维一体"发展性评价的改革思路 [J]. 中国高校科技，2020（10）：29–32.

[30] 卫建国，汤秋丽 . 新时代高校教师教学评价改革与创新论析 [J]. 黑龙江高教研究，2023（2）：33–37.

[31] 关惇毅，张凤宝，贾绍义 . 加州大学伯克利分校教师评价系统解

构 [J]. 高等工程教育研究,2006（5）: 101–105.

[32] 杨开城,卢韵 . 一种教学评价新思路：用教学过程证明教学自身 [J]. 现代远程教育研究,2021（6）: 49–54.

[33] 胡钦太,伍文燕,冯广,等 . 人工智能时代高等教育教学评价的关键技术与实践 [J]. 开放教育研究,2021（5）: 15–23.

[34] 孟佳娜,袁传军,黄永东,等 . 工程教育专业认证背景下工科专业毕业设计改革与实践——以大连民族大学为例 [J]. 高教论坛,2023（4）: 17–19.

[35] 黄亮亮,游少鸿,李艳红,等 . 基于工程教育专业认证标准的环境工程专业课程教学体系的构建：以桂林理工大学为例 [J]. 教育教学论坛,2017（52）: 167–168.

[36] 张海涵,黄廷林,朱陆莉 . 持续改进在环境工程专业认证中的位置和作用机制：以西安建筑科技大学为例 [J]. 大学教育,2021（5）: 43–48.

[37] 吴正刚,严明,张瑞红 . 以学生为中心的高校教学质量评价体系构建 [J]. 黑龙江教育(高教研究与评估),2019（4）: 1–4.

[38] 刘琼玉,刘君侠 . 面向产出的“环境监测”课程质量评价体系探索 [J]. 教育教学论坛,2023（11）: 97–100.

[39] 许娜,高巍,郭庆 . 新课改 20 年课堂教学评价研究的逻辑演进 [J]. 教育研究与实验,2020（6）: 49–55.

[40] 谢幼如,邱艺,刘亚纯 . 人工智能赋能课堂变革的探究 [J]. 中国电化教育,2021（9）: 72–78.

[41] 李栋 . 人工智能时代的教师发展：特质定位与行动哲学 [J]. 电化教育研究,2020,41（12）: 5–11.

[42] 王陆,彭功,马如霞,等 . 大数据知识发现的教师成长行为路径 [J]. 电化教育研究,2019,40（1）: 95–103.

[43] 杨军,王海艳,陈卉,等 . 基于慕课的混合教学模式在“环境科学概论”课程中的应用研究 [J]. 科教导刊,2022（09）: 82–84.

[44] 董婵 . 微课在“环境工程”课程教学中的应用研究 [J]. 现代职业教育,2017（22）: 56–57.

[45] 马驷,王琳,杨鑫,等 . 基于工程教育专业认证理念的实习实践教学质量保障框架 [J]. 科教导刊,2021（4）: 77–78.

[46] 冯燕,刘犇,司武林 . 翻转课堂在环境社会学课程教学中的应用 [J]. 西部素质教育,2022,8（11）: 119–121.

[47]GRAY M W .Lynn Margulis and the endosymbiont hypothsis: 50

years later[J].*Molecular Biology of the Cell*,2017（10）：1285–1287.

[48]GRIFFITH D .Neo–symbiosis：a system design philosophy for diversity and enrichment[J].*International Jornal of In-dustrial Ergonomics*,2006（12）：1075–1079.

[49] 中国政府网 . 中共中央、国务院印发《深化新时代教育评价改革总体方案》[EB/OL].（2020-10-13）[2023-03-21].http：//www.gov.cn/zhengce/2020-10/13/content_5551032.htm.

[50] 新华网 . 中华人民共和国国民经济和社会发展第十四个五年规划和 2035 年远景目标纲要 [EB/OL].（2021-03-13）[2023-03-22].http：//www.xinhuanet.com/fortuneprol2021-03/13/c_1127205564.htm.

[51] 教育部网 . 教育部关于深化本科教育教学改革全面提高人才培养质量的意见 [EB/OL].（2019-10-08）[2023-05-01].http：//www.moe.gov.cn/srcsite/AO8/s7056/201910/t20191011_402759.html.

[52] 教育部网 . 教育部国家发展改革委财政部印发《关于"双一流"建设高校促进学科融合加快人工智能领域研究生培养的若干意见》的通知 [EB/OL].（2020-02-24）[2023-05-01].http：//www.moe.gov.cn/srcsite/A22/moe_826/202003/120200303_426801.html.

[53] 教育部网 . 教育部等五部门关于印发《普通高等教育学科专业设置调整优化改革方案》的通知 [EB/OL].（2023-03-02）[2023-05-01].http：//www.moe.gov.cn/srcsitelAO8/s7056/202304/120230404_1054230.html.

[54] 教育部网 . 教育部科技部印发《关于规范高等学校 SCI 论文相关指标使用树立正确评价导向的若干意见》的通知 [EB/OL].（2020-02-20[2023-05-20].http：//www.moe.gov.cn/srcsite/A16/moe_784/202002/120200223_423334.html.

[55] 教育部网 . 教育部关于印发《普通高等学校本科教育教学审核评估实施方案（2021—2025 年）》的通知 [EB/OL].（2021-02-03）[2023-05-25].http：//www.moe.gov.cn/srcsite/A11/s7057/202102/120210205_512709.html.

[56] 教育部高等教育司 . 关于转发《中国工程教育专业认证协会教育部高等教育教学评估中心关于发布已通过工程教育认证专业名单的通告》的通知 [EB/OL].（2022-06-26）.http：//www.moe.gov.cn/s78/A08/tongzhi/202206/t20220629_641656.html.

[57] 习近平出席中央人才工作会议并发表重要讲话 [EB/OL].（2021-09-28）.https：//www.gov.cn/xinwen/2021-09/28/content_

5639868.htm.

[58] 侯成坤 . 基于多模态融合的课堂教师教学行为自动识别研究[D]. 武汉：华中师范大学，2020.

[59]BILYALOVA A A，SALIMOVA D A，ZELENINA T I.Digital transformation in education[R].*International Conferen-ceon Int egrated Science*，*Springer*，2019：265–276.